轻兵器100年
SMALL ARMS
1945-PRESENT
（下）

【英】马丁·J·多尔蒂 著　　李 巍　垚滢泽 译

人民日报出版社

本书中文简体字版由英国伦敦安珀图书有限公司授权出版
版权所有 侵权必究
版贸核渝字（2013）第 219 号

图书在版编目（CIP）数据

轻兵器100年. 下 / (英) 多尔蒂著；李巍，垚滢泽
译. -- 北京：人民日报出版社，2014.6
ISBN 978-7-5115-2658-8

Ⅰ. ①轻… Ⅱ. ①多… ②李… ③垚… Ⅲ. ①轻武器
－介绍－世界 Ⅳ. ①E922

中国版本图书馆CIP数据核字(2014)第113874号

书　　名：轻兵器 100 年（下）
作　　者：【英】马丁·J·多尔蒂 著　　李 巍　垚滢泽 译

出 版 人：董　伟
责任编辑：周海燕
封面设计：舒正序

出版发行：人民日报出版社
社　　址：北京金台西路 2 号
邮政编码：100733
发行热线：（010）65369527　65369846　65369509　65369510
邮购热线：（010）65369530　65363527
编辑热线：（010）65369518
网　　址：www. peopledailypress.com
经　　销：新华书店
印　　刷：重庆市蜀之星包装彩印有限责任公司
开　　本：787mm×1092mm　　16 开
字　　数：160 千字
印　　张：12
印　　次：2019 年 1 月第 3 版　　2019 年 1 月第 1 次印刷

书　　号：ISBN 978-7-5115-2658-8
定　　价：79.80 元

目　　录

前 言

火器的发明使任何能拥有枪支的人都具备了远距离杀伤能力。然而，最大程度的杀伤力很难达到，因为那需要好战术和好枪法。

人类很早就发明了"轻兵器"这个词，它被用来描述那些能够被单兵携带的武器，譬如比大炮轻便的那些火药武器。多年以来，具有代表性的武器逐步出现，每一种武器都占据了一个特殊的位置。当重型火药武器的重量大到能被划为支援型武器的时候，火炮与轻兵器之间的界限就开始变得模糊起来。战场支援武器比标准的单兵武器要重，但还是轻到能与步兵协同行动。它的出现大大加强了步兵部队的火力。

单兵自动武器的发明则又是一次大跃进。此前，需要提供强有力的火力时，就必须展开组队行动。现在，单兵就能对付多个敌对目标，或向某地输出压制性火力。二战期间，城市巷战的频率日益增加，这是影响轻兵器和步兵支援武器发展的另一因素。从前，绝大多数战斗都是在数百米的远距离上进行的，需要精准的步枪火力，而城市巷战的特点是猛烈的短距离交火。使用栓动步枪的德军发现，他们在这类战斗中被装备冲锋枪的苏军士兵所压制。在城市战中，将步枪换成冲锋枪会是有力的反制措施，但在远距离战斗中，步枪依然是可供选择的武器之一。解决方案是研制一种折中武器，比传统的战斗步枪更小、更轻，射速更快，在适当

▼ 狙击手小组

2007年，来自美军第82空降师的狙击手在阿富汗加兹尼省迪亚克城（Dey Yak）一处房顶上为阿富汗政府军提供安全保护。图中右侧的狙击手装备了一支Mk.14增强型战斗狙击步枪——M14步枪的改良版。其同伴装备的是一支配有AN/PVS-10夜视瞄准镜的M40A1狙击步枪。

的距离上仍有较好精度，穿透力合理，这就是突击步枪。随着突击步枪的诞生，不再强调将步兵训练为高水平的射手，而是要求小规模步兵单位能够向其四周投射密集火力。

一队民兵或枪手通常用他们能够搞到的任何武器来单打独斗，但正规军队是以能够最大限度发挥武器效能的方式组织起来的。为使战斗效能最大化会采取多种方法，某种方法的成功并不意味着其他方法的失败。

一个典型的步兵班主要由携带基本单兵武器（通常为突击步枪）的步兵组成。班组通常还配备了某种步兵支援武器。这种武器可能是通用机枪（GPMG），也可能是更加轻便的班用支援武器。通用机枪一般与战斗步枪口径相同，不能通用突击武器所用的药筒更轻的弹药。不论如何，通用机枪不仅威力大，具备良好的火力持续性，其射程也可覆盖轻型武器不能触及的范围。

班用（或者说轻型）支援武器有时候就是标准步枪的改型，其优势是弹药可以通用，而且任何一名士兵都可以接过这种支援武器。由于其重量更轻，便携性也更好。但不管怎么说，一款轻型支援武器并不具有通用机

枪的打击力和火力持续性。

其他武器一般用于支援。手枪作为随身武器携带，短枪主要用于自卫（有时也用作反伏击），步兵可能会得到榴弹发射器或高精度（往往威力也很强）的狙击步枪支援。

当然，这些武器还有其他的使用方法，这些方法也有成功的先例。譬如，朝鲜战争中，中国军队把大量冲锋枪当作突击步枪使用，但英军长期认为，精准的半自动步枪要比自动武器的压制火力更有效。

说到底，尽管一种武器的性能很重要，但真正关键的还是使用者。好的战术和熟练的枪法能够弥补平庸武器带来的不足，真正精良的武器却不能提高乌合之众的战斗力。只有训练、战术、战斗意志和有效的武器相结合，才能达成伟大的事业。

▶ **青年女兵**
1967年，西贡北部的建莫村地方民团女兵装备了M1卡宾枪在村子里巡逻，以防备越共渗透。M1卡宾枪及其各种改型的产量高达650万支，而且该枪在二战、朝鲜战争、印度支那战争、阿尔及利亚战争及越战中被广泛使用。[1]

---

① 图中的卡宾枪采用30发长弹匣，因此也有可能是M2卡宾枪。

第一章

朝鲜战争，
1950—1953

第二次世界大战末期，盟国协议以朝鲜半岛上北纬三十八度
线作为苏、美两国对日军事行动和受降范围的分界线。
这两个区域逐渐演变成两个截然不同的国家。
1950年，朝鲜战争爆发。
这场战争大部分的战役使用的都是二战的战术与武器，战斗
双方都能轻易得到这些东西。

◀ **喘口气**

一名来自美军第7步兵师第32团级战斗小组的士兵，攻克位于芦洞北山902山
头属中国方的一个地堡后，正在休息。他装备了一支M1卡宾枪，身旁放着一
挺被遗弃的苏制捷格加廖夫轻机枪。

导言

第二次世界大战结束后，多少有些大规模常规部队某种程度上已经多余的感觉。未来的任何重大冲突都将使用核弹，这将使战争变得难以想象。

然而与此同时，共产主义的东方与民主的西方鸿沟日益加深，造成了冷战中的武装对峙。1950—1953年的朝鲜战争是二战后新世界的第一次重大武装冲突，就像此后的很多冲突一样，冲突双方各自拥有东方或西方的支持，使战争完全变成了民主主义和共产主义之间的代理人战争。

朝鲜战争的进程可清晰地分为几个阶段，并深受外部的影响。起初，朝鲜军队比韩国军队有优势。苏联提供给朝鲜的T34坦克曾让韩国军队束手无策，闻风而逃。几年前，正是这种出色的坦克击败了德国国防军的装甲师。尽管西方的坦克设计足够先进，T34坦克可能无法击败联合国军/美军部队，但它完全能够碾碎所经之路上的韩国军队。

国际回应

朝鲜军队快速向南推进时，国际上开始作出反应。由驻日美军领导的"联合国军"开始登陆韩国，以帮助他们防守那些还未被占领的地方。他们"号称"这种干涉是由联合国授权的，但这种干涉立即导致联合国、朝鲜及其共产主义支持者之间的战争。

国际回应及时阻止了韩国被完全征服，但在一段时间内，"联合国军"仍坚守着韩国南部釜山港周围相对小的地方。发动一次反击非常有必要，但是，正面攻击的代价将会很大。这时，美军最近在太平洋战场两栖

▲ **机枪班**

1952年，美军第2步兵师的一个配备勃朗宁M1919A6的机枪班正在监视清川江以北。

▲ **火力交战**

1951年，装备李·恩菲尔德3号短步枪的皇家澳大利亚团第3营士兵与朝鲜部队交火。

战的经验自然就派上了用场。

僵局被雄心勃勃的两栖作战和同时展开的陆上攻击打破。两栖部队在仁川登陆——此地靠近韩国首都汉城。占领汉城，切断了正在韩国南方作战的朝鲜部队的补给线，对突破釜山包围圈的行动提供了很大的帮助。

向北推进

补给线被切断后，孤军深入韩国南方的朝鲜军队很快崩溃，南方的"联合国军"因此能够推进到朝鲜境内，最远几乎抵达了鸭绿江一线。此时，中国的回应是，向朝鲜一方投入了数十万作战部队，将"联合国军"赶回朝鲜南方。"联合国军"在三八线建起一道防线，或多或少就是当初分割朝鲜半岛的界线。而且，1951—1953年的战争具有第一次世界大战时西线堑壕战的特点。

在筑垒阵地上炮击、鏖战数月后，双方均未取得进展。1953年7月，朝韩停火，但它们之间的紧张气氛仍然存在。

朝鲜军队 1950—1953

朝鲜为战争做足了准备，而且能够部署比对手有更好装备、更有经验的军队。

朝鲜军队招募的大多数人都曾与苏军并肩战斗过，其他人也参与过不久前的中国内战。尽管朝鲜人民军（NKPA）并非完全由这样的老兵组成，但总体上来说，它是一支自信且有经验的部队。人民军也高度政治化，那些在中国跟随毛泽东一起打过仗的人对共产主义的信仰尤其坚定。

朝鲜人民军约有150辆来自苏联的T34坦克。朝鲜坦克车组乘员的技战术水平也许不能与苏联或欧洲同行相媲美，但其装甲部队在任何战场上都是一股强大的力量。对于既缺乏反坦克武器又训练不足的对手来说就更是如此。从1945年起，朝鲜装甲部队与其他部队一起接受了苏联顾问的训练，他们学会了如何机动和运用火力。

朝鲜部队的主体被编成8个满编步兵师，每个步兵师都得到了122毫米（4.8英寸）口径牵引火炮和76毫米（3英寸）自行火炮的支援。此外还有2个半满员的师和1个摩托化侦察分队。其他部队或是留作预备队，或是部署在后方用于警戒。

入侵战术

1949年7月，美军撤离朝鲜半岛给朝鲜创造了一次进攻机会。此后，朝鲜与韩国之间的紧张关系不断加剧。在朝鲜人民军1950年6月发动大规模进攻前，双方你来我往的边境冲突持续不断。大规模的进攻完全出乎"联合国军"的意料，此时由于正值撤军，很多部队不满员。朝鲜多山的地形使入侵只有几条可预计的路线，但韩国部队是在匆忙间卷入战争的，未能利用这一机会。进攻的主要方向选在朝鲜半岛西海岸，从这里进抵汉城所需的路途很短。人民军也进攻中部山地和西海岸沿线地带[1]。

随着抵抗的加强，朝鲜装甲旅[2]被用作

◀ 南部14式手枪
1950年配属于朝鲜人民军第109装甲团

日制南部手枪是一种质量低劣、可靠性差的武器，它发射一种威力较低的子弹。然而，这种缺点无关紧要，因为与其说手枪是战斗武器，还不如说它是身份的标志和维持军纪的工具。

技术参数

制造国：日本	全长：227毫米（8.93英寸）
年份：1906[3]	枪管长：121毫米（4.76英寸）
口径：8毫米（0.314英寸）	枪口初速：35米/秒
使用南部式手枪弹	（1100英尺/秒）
动作方式：枪管短后坐	供弹方式：8发弹匣
重量：0.9千克（1.98磅）	射程：30米（98英尺）

---

① 这里应该是指东海岸。
② 初期是第105坦克旅和独立第208坦克团，占领汉城后第105坦克旅升级为坦克师。
③ 这里应该是1925年。

进攻矛头。这种战术简单却很有效：坦克部队凿穿敌军阵地，于安全距离内在阵地另一侧集结。如果对拥有良好反装甲武器的敌军发动这种攻击，这将会招致灾难，但韩国部队缺乏反装甲武器。他们在阵地遭到装甲部队进攻后陷入混乱，撤退时又为出现在后方的坦克所受阻。

利用混乱

与此同时，朝鲜人民军步兵部队开始在前方攻击无组织的敌军阵地，并从韩军的侧翼通过，各个方向的攻击粉碎了韩军的抵抗。这种情况下，士气低落的韩军已完全无力扭转局面。直到"联合国军"带着克制T34的装备抵达后，局面才稳定下来。

中国步兵班

三三制步兵班这一理念（即一个战斗单位包含三个下级单元，这些单元能够半独立自行运作），似乎起源于20世纪30年代的中国。尽管有意识地想让整个营都装备苏制PPSh-41冲锋枪，但中国人民志愿军（在朝作战的中国部队）用的武器却并不统一。理论上，1个中国步兵班下辖3个"作战单位"或战斗小组。每个战斗小组包含3个人，他们全部装备PPSh-41冲锋枪或其中国仿制品。每班由一名军士指挥，班成员的装备都一样。有时候，1个班里也会有1个机枪小组（由4人组成），但这取决于是否有可用的支援武器。

战斗小组1

战斗小组2

战斗小组3

▲ SKS半自动步枪
1951年配属于朝鲜人民军第12师
SKS步枪是第一批采用7.62×39毫米M43弹药的武器之一，这种弹药后来也供AK-47突击步枪和RPD轻机枪使用。

技术参数

制造国：苏联	枪管长：521毫米（20.5英寸）
年份：1945	枪口初速：735米/秒
口径：7.62毫米（0.3英寸）	（2411英尺/秒）
动作方式：活塞短行程导气式	供弹方式：10发弹仓
重量：3.85千克（8.49磅）	射程：400米（1312英尺）
全长：1021毫米（40.2英寸）	

虽然朝鲜的装甲旅代表朝鲜人民军中最为强大的部队，进攻的成功却大部分归结于人民军步兵的努力。这些部队主要装备来自苏联的武器。莫辛-纳干栓动步枪和更为现代化的SVT-40半自动步枪是较为普遍的步兵武器，同时，人民军还装备了苏制SKS半自动步枪（中国的仿制品称为56式半自动步枪）。SKS半自动步枪使用更轻的7.62×39毫米弹药，而非莫辛-纳干步枪和SVT-40半自动步枪使用的7.62×54毫米弹药。

朝鲜部队也使用苏制PPSh-41冲锋枪，该枪在输出强大火力的同时兼具很好的可靠性，其精确度和有效射程也比普通冲锋枪好一些，所以，朝鲜部队在开阔地形上没有明显的劣势。

其他装备则来源多样，其中包括日本人遗留下来的武器，他们曾占领朝鲜数十年。大多数支援武器来自苏联，但也有些来自中国。然而，中国是在内战结束后才统一的，其军火工业刚刚起步，这一时期，中国的很多武器都是苏联武器的仿品。

技术参数

制造国：苏联	枪管长：226毫米（10.5英寸）
年份：1941	枪口初速：490米/秒
口径：7.62毫米（0.3英寸）	（1600英尺/秒）
使用苏制弹药	供弹方式：35发弹匣或71发
动作方式：自由枪机式	弹鼓
全长：838毫米（33英寸）	射程：120米（394英尺）
重量：3.64千克（8磅）	

▲ **PPSh-41冲锋枪**
1952年配属于朝鲜人民军第7师

朝鲜使用苏联提供的PPSh-41冲锋枪，也使用其许可生产的各种版本，譬如中国制造的50式冲锋枪和朝鲜制造的49式冲锋枪。

技术参数

制造国：苏联	枪管长：610毫米（25英寸）
年份：1940	枪口初速：840米/秒
口径：7.62毫米（0.3英寸）	（2755英尺/秒）
动作方式：导气式	供弹/弹匣：10发弹匣
重量：3.9千克（8.6磅）	射程：500米（1640英尺）
全长：1226毫米（48.27英寸）	以上

▲ **托卡列夫SVT-40半自动步枪**
1951年配属于朝鲜人民军第6师

SVT-40和已经接受战争考验的莫辛纳干步枪，使用相同的7.62×54毫米子弹。SVT-40的可卸式10发容弹量弹匣，也能用莫辛纳干那种10发桥夹进行装填。尽管它在方兴未艾的第一代突击步枪的影响下渐渐衰落，但它仍是一款有效的战斗武器。

技术参数

制造国：苏联	全长：1120毫米
年份：1943	（44.1英寸）
口径：7.62毫米（0.3英寸）	枪管长：719毫米
使用苏制弹药	（28.3英寸）
动作方式：导气式，气冷式	枪口初速：850米/秒
枪身重量：13.6千克	（2788英尺/秒）
（29.98磅）	供弹方式：250发弹链
射速：650发/分钟	射程：1000米（3280英尺）

▲ **郭留诺夫SGM机枪**
列装朝鲜人民军第4步兵师

该机枪与SVT-40使用相同的7.62×54毫米弹药，它被放置在三脚架或轮式枪架上执行多种任务。有一种许可生产的版本是在中国制造的。

美军 1950—1953

首支部署到韩国的美国部队来自日本，他们正在日本执行占领军的职责。他们对一场重大的战争并未做好准备。

朝鲜战争爆发时，韩国军队装备的主要是已经过时的美式装备。韩国的8个师中有一半严重缺员，没有一个师有足够的反坦克武器。刚组建起来的那些部队被部署在靠近三八线的地方，因而在第一波攻击中损失惨重，很快被打得毫无还手之力。剩余部队必须在极度混乱的情况下发挥作用，在这种情况下，防线还未建立就被瓦解了。

韩军士气崩溃，大批士兵投奔朝鲜一方。韩军残部被赶向南方的时候，美军开始登陆以提供协助。美军对朝鲜目标进行了轰炸，但并未对战局产生立竿见影的影响，首批美军部队也尚未抵达。第24步兵师和后面的另外2个师从日本赶来，他们经釜山向北运动，以抵御高歌猛进的朝鲜人。然而，这些美军部队是从"占领军"中抽来的，也未做好战斗准备。美国干涉军遭到朝鲜军队的猛烈打击后被迫向釜山撤退，阻止朝鲜的T34坦克时所遭遇的困难尤其让他们士气低落。尽管进行了一系列坚决地抵抗，美军还是被推回到洛东江边。在那里，美军成功坚守住了日后被称为"釜山防御圈"的防线。来自美国和世界其他国家的增援抵达了这一小块地区，使得反攻成为可能。

釜山防御圈一度岌岌可危，离崩溃只有一步之遥。朝鲜人民军在一条漫长补给线的末端展开行动，"联合国军"则增强了釜山周围的军力。随着时间的推移，朝鲜的进攻变得不那么有效。1950年9月，朝鲜突破釜山防御圈的最后一次主要攻势也失败了。

▲ **柯尔特&雷明顿M1911A1手枪**
1950年配属于驻乌山市的美国陆军史密斯特遣部队

M1911A1是美军军官和车组乘员的制式佩枪，在最后关头时是一种有效的自卫武器。它发射大威力的0.45英寸柯尔特自动手枪弹。

技术参数	
制造国：美国	枪管长：127毫米（5.03英寸）
年份：1911	枪口初速：255米/秒
口径：11.43毫米（0.45英寸）	（835英尺/秒）
动作方式：枪管短后坐式	供弹/弹匣：7发弹匣
重量：1.105千克（2.436磅）	射程：100米（328英尺）
全长：210毫米（8.25英寸）	

▶ **史密斯威森M1917 0.45左轮手枪**
1950年配属于美国海军陆战队第1陆战队师

尽管半自动手枪作为佩枪已经极为流行，但有些作战单位仍被配发同种弹药的左轮手枪。

技术参数	
制造国：美国	枪管长：185毫米
年份：1917	（7.3英寸）
口径：11.4毫米（0.45英寸）	枪口初速：198米/秒
动作方式：转轮式	（650英尺/秒）
重量：1.08千克（2.4磅）	供弹方式：6发容弹量转轮
全长：298毫米（11.75英寸）	射程：20米（66英尺）

在仁川登陆这次旨在重新夺回汉城的两栖登陆行动协助下，"联合国军"突破了釜山防御圈。这是一次在非常艰难的条件下进行的大胆行动，登陆之后，美军通过攻巷战重新夺回了汉城。在这种情况下，像汤普森M1A1这样的冲锋枪和高射速的半自动步枪展示了自己的价值。

随着运动战的恢复，以及在釜山登陆的坦克部队和其他装甲车辆的支援，"联合国军"快速向北推进，完胜看上去触手可及。就在此刻，中国加入战争。由于缺少装甲部队，中国用步兵来压倒"联合国军"。

尽管确实会付出巨大代价，中国人民志愿军（PVA）采用的"人海"突击战术却并非自杀式冲锋。该战术以多波次"人浪"的形式发动突击，期望单兵能够尽其所能地向前推进。如果一次突击失败了，幸存者将会卧倒在地，在下次推进时提供向前的火力掩护。随后，他们会再次向前推进。①

火力是对付这种攻击唯一有效的方法。美军步兵的主要武器是M1伽兰德——优秀的半自动步枪，具有8发容弹量内置式弹仓。有些部队则装备了M1卡宾枪，虽然其型号与前者相似，却是完全不同的武器。M1卡宾枪发射的是一种卡宾枪弹且只在短距离内有效，但其改良版M2全自动卡宾枪在近战中较为有效。

技术参数

制造国：美国	全长：905毫米（35.7英寸）
年份：1942	枪管长：457毫米（18英寸）
口径：7.62毫米（0.3英寸）	枪口初速：595米/秒
使用卡宾枪弹	（1950英尺/秒）
动作方式：导气式	供弹方式：15发或30发弹匣
重量：2.5千克（5.47磅）	射程：约300米（984英尺）

▲ **M1A1卡宾枪**
1951年配属于美军第8军第2步兵师第38步兵团

M1A1卡宾枪是一种专供军官和不直接参战的专业技术人员使用的轻型武器。严寒时，这种枪容易出毛病。

▲ **M1伽兰德步枪**
1950年配属于位于釜山的美军第8军第24步兵师

M1伽兰德为美军步兵提供了远程大威力的火力。它是二战时期最棒的武器之一，就算在20世纪50年代，它仍是一款优秀的半自动步枪。

技术参数

制造国：美国	全长：1103毫米（43.5英寸）
年份：1936	枪管长：610毫米（24英寸）
口径：7.62毫米（0.3英寸）	枪口初速：853米/秒
使用美制0.30-06子弹	（2800英尺/秒）
动作方式：导气式	供弹方式：8发漏夹
重量：4.37千克（9.5磅）	射程：500米（1640英尺）以上

技术参数

制造国：美国	全长：1115毫米（43.9英寸）
年份：1903[2]	
口径：7.62毫米（0.3英寸）	枪管长：610毫米（24英寸）
动作方式：旋转后拉枪机	
重量：3.9千克（8.63磅）	供弹方式：5发桥夹，内置盒式弹仓
枪口初速：823米/秒（2700英尺/秒）	射程：750米（2460英尺）

▲ **春田M1903A4狙击步枪**
1950年配属于位于仁川的美国海军陆战队陆战1师

该老旧栓动步枪的狙击型号研发于1943年，有效射程为750米（2460英尺），其远距离的精确度主要受制于低倍数（2.5倍倍率）的狙击镜。它见证了二战各个战场的行动，也见证了朝鲜战争各战场的行动，尤其特别的是，它是随美国海军陆战队员们一同见证这些事件的。

---

① 志愿军采用一点两面、三三制等进攻战术，与苏军的人浪进攻有所不同。
② M1903A4狙击步枪是1943年诞生的。

M1伽兰德生产情况		
制造商　　序列号		数量
斯普林菲尔德		
4200001—4399999		1999998
5000000—5000500		499
5278246—5488246		210000
5793848—6099905		306057
万国收割机公司		
4440000—4660000		260000
5000501—5278245		277744
哈灵顿&理查德森		
4660001—4800000		139999
5488247—5793847		306600

二战后产量总计（约数）：
斯普林菲尔德兵工厂：661747（1952—1956）
哈灵顿&理查德森军工：428600（1953—1956）
万国收割机公司：337623（1953—1956）

美军也使用了汤普森冲锋枪，其威力强大的0.45英寸柯尔特自动手枪弹在近距离战斗中十分致命。主要的支援武器是勃朗宁M1919机枪，其初始型号为一战堑壕中使用过的水冷式机枪（M1917）。到1950年，该枪已经成为一种耐用可靠的支援武器，能够部署到战场和绝大部分车辆上。

近距离突击角色

为担负近距离突击的角色，共产党部队逐渐放弃步枪，转而装备冲锋枪。他们能够承受较大的伤亡，通过能集中起来的全部力量攻击装备较差的韩军来突破"联合国军"阵地，这种战术导致"联合国军"与顽强的共军不断发生碰撞。

中国的加入最终导致双方沿北纬三十八度线僵持数月。在这一静态阶段，配备了高精度步枪的狙击手和经验丰富的枪手大有用场，但由于一方或另一方想要占据战略要地或是突破对方防线，艰苦的近距离战斗仍时有发生。

朝鲜战争没有长到美军武器发生重大改变的地步，他们仍使用二战时期的装备战斗。然而，战争的特点发生了多次改变——

▲ **M1919A4勃朗宁中型机枪**
1951年配属于美第8集团军第1骑兵师

除了担任步兵支援的角色外，0.30英寸口径的M1919机枪还被用在各种装甲车辆和柔性蒙皮车辆上。

技术参数	
制造国：美国	枪管长：610毫米（24英寸）
年份：1936	枪口初速：853米/秒
口径：7.62毫米（0.3英寸）	（2800 英尺/秒）
使用勃朗宁机枪弹	供弹方式：250发弹链
动作方式：枪管短后坐式，气冷式	射速：400—600发/分钟
枪身重量：15.05千克（31磅）	射程：2000米
全长：1041毫米（41英寸）	（6560英尺）以上

从防御性的阵地战到动态的
装甲战，到两栖登陆，再到
巷战。在为期三年的朝鲜战
争中，美制武器和作战理论
的灵活性达到了极限。

▶ 狙击手还击

美国海军陆战队员小心地穿过韩国某
处的街巷。左边的陆战队员正使用
M1卡宾枪进行瞄准，他的同伴使用
的是M1伽兰德步枪。[1]

英联邦部队 1950—1953

很多国家都协助过联合国在朝鲜的行动，除美国外，贡献最大的就是英国及英联邦国家。

虽然必须处理马来西亚和非洲的叛乱，但英国还是和英联邦投入了大量部队来对付朝鲜危机。绝大多数提供协助的国家投入的步兵部队从1个连到1个旅不等，且不具备海运大批多兵种联合部队的能力。英国及其成员国既有人力资源，也有运送他们的办法。英联邦提供部队的包括2个英国步兵旅和1个加拿大步兵旅，另外还有来自澳大利亚的几个步兵营，来自英国和新西兰的装甲旅及炮兵部队，英国海军所作的贡献也十分显著。

通过将来自于不同国家的英联邦部队联合起来，总算能在野战中部署1个整编师了，很多部队都作为第1英联邦师的一部分作战。第1英联邦师成立于1951年，但有些作战单位被分派出去了，如第41皇家海军陆战队两栖突击营在1950年末的长津湖战役中就隶属于美国海军陆战队第1师。英联邦部队最近在各种地形中都有作战经历，被证明能应付大规模阵地战，并能抵御中国军队在多个地点发起波次攻击时形成的复杂战斗。

跟美军分遣队一样，英联邦部队抵达朝鲜时装备的大部分是他们在二战末期拥有的那些武器——旋转后拉枪机的李恩菲尔德步枪。而美国陆军的主要步兵武器却是半自动步枪，能快速瞄准目标，再加上使用者的好枪法，这些武器在中距离和远距离遭遇战时成为致命武器，但在近距离突击时就不那么好使了。

---

① 该照片中出现了3把M1卡宾枪和1把M1伽兰德步枪。

英国和许多英联邦部队在朝鲜都曾用过司登冲锋枪。尽管已经在为廉价且粗糙的司登冲锋枪寻找替代品，但其后继者（斯特林冲锋枪）赶不上这次冲突了。司登冲锋枪在近距离冲突时是有效的，但据说，随着飞行距离的增大，子弹速度会明显下降，从而影响该枪本就很差的精度，并使其拒止力急剧下降。

某些英联邦国家使用它们自己设计制造的武器装备，比如澳大利亚的欧文冲锋枪，但各个分遣队很多装备是相同的。标准的支援武器是布伦轻机枪，其精确性使得该枪可以被用来进行精确射击和压制射击。布伦轻机枪和步兵用步枪使用相同的0.303英寸弹药，这简化了弹药补给工作。李恩菲尔德这

▲ **韦伯利Mk Ⅳ型左轮手枪**
1951年配属于防守汉江的英联邦第1师国王皇家爱尔兰轻骑兵团

韦伯利Mk Ⅳ型手枪装备部队最早要追溯至20世纪初，该型手枪发射0.455英寸口径的弹药，这使得它成为经实战检验过的威力最强的军用手枪之一。直到1963年，英军中的韦伯利手枪才完全被勃朗宁大威力手枪替代。

技术参数	
制造国：英国	全长：279毫米（11英寸）
年份：1899	枪管长：152毫米（6英寸）
口径：11.55毫米	枪口初速：198米/秒
（0.455英寸）	（650英尺/秒）
动作方式：转轮式	供弹方式：6发容弹量转轮
重量：1.5千克（3.3磅）	射程：20米（66英尺）

▲ **李恩菲尔德No.4步枪MkⅠ型**
曾装备英联邦第1师格洛斯特郡团第1营

李恩菲尔德步枪已在半世纪的冲突中证明了自己的价值，但朝鲜战争结束后不久，它就因更受偏爱的半自动型FN FAL步枪被淘汰。

技术参数	
制造国：英国	枪口初速：751米/秒
年份：1939	（2464英尺/秒）
口径：7.7毫米（0.303英寸）	方式：10发弹匣
动作方式：旋转后拉枪机	射程：1000米
重量：4.11千克（9.06磅）	（3280英尺）以上
枪管长：640毫米（25.2英寸）	全长：1128毫米（44.43英寸）

▲ **德利尔微声卡宾枪**
英国/英联邦特种部队

研制该枪的目的是为了能近乎无声地射出0.45英寸柯尔特自动手枪弹。德利尔卡宾枪供英国特种部队行动单位使用，生产数量不大。

技术参数	
制造国：英国	枪口初速：260米/秒
年份：1943	（853英尺/秒）
口径：11.4毫米（0.45英寸）	供弹方式：7发弹匣
动作方式：旋转后拉枪机	射程：400米（1312英尺）
重量：3.7千克（8.15磅）	全长：960毫米
枪管长：210毫米（8.26英寸）	（37.79英寸）

样的全威力步枪被称为"战斗步枪"，以区别于新一代的"突击步枪"。突击步枪使用威力较小的弹药，以降低威力和远距离上的准确性为代价，提升了火力和便携性。

英联邦的战斗步枪在开阔地的遭遇战中最为有效，但近距离面对用冲锋枪武装起来的中国军队时，就处于劣势了。在朝鲜的美军和英联邦部队给多种武器起了"打嗝枪"的绰号。这个绰号通常指的是苏制PPSh-41冲锋枪或中朝两国仿制品中的任意一种。这些仿品的做工和精度都比不上苏联原产货，但它们仍保持了射速极高的特点。交战双方都试图发挥其力量所在：英联邦军队试图以精确射击、炮兵火力和空中支援来瓦解敌军的突击，共产党方面则试图接近到足以发扬密集火力的距离。

英联邦步兵排

英联邦部队参加朝鲜战争时的编制和装备与他们二战时的基本一致。实际上，编制各有不同，没有作战单位曾达到过他们在纸面上的作战力量。1个步兵排会包含1个排指挥部班和3个步兵班，每个班配1挺布伦轻机枪。

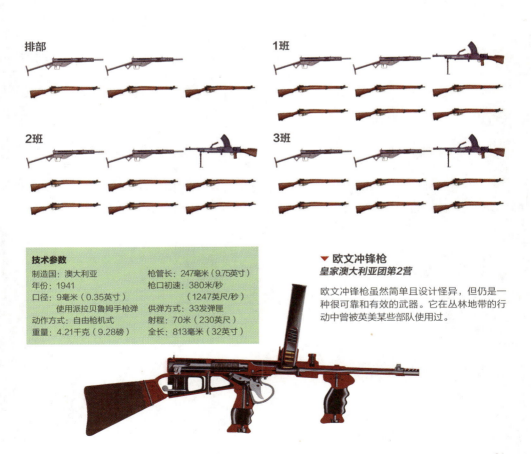

排部

1班

2班

3班

技术参数	
制造国：澳大利亚	枪管长：247毫米（9.75英寸）
年份：1941	枪口初速：380米/秒
口径：9毫米（0.35英寸）	（1247英尺/秒）
使用派拉贝鲁姆手枪弹	供弹方式：33发弹匣
动作方式：自由枪机式	射程：70米（230英尺）
重量：4.21千克（9.28磅）	全长：813毫米（32英寸）

▼ 欧文冲锋枪
皇家澳大利亚团第2营

欧文冲锋枪虽然简单且设计怪异，但仍是一种很可靠和有效的武器。它在丛林地带的行动中曾被英美某些部队使用过。

CÔNG MINH LIÊM CHÍN

第二章

亚洲历次战争，
1947—1989

二战后，亚洲是一处剧烈动荡的舞台。
伴随着世界范围内力量平衡的变化以及传统殖民国家在这一地
区力量的衰弱，新近统一的中国出现了。
由此，开始了意识形态的碰撞：
独立对殖民主义，共产主义对民主主义。
在很多冲突中，非正规武装和非对称战术都得到了广泛运用。
它们被用来对付大部队的火力，削弱大部队的力量。
亚洲的各次战争因此变得旷日持久，以至于似乎不可能在亚洲
取得决定性的胜利。

◀ 武器训练
一位美军顾问正给越南共和国陆军（ARVN，简称"南越"）的士兵上课，指
导他们如何保养和组装M16步枪。

导 言

二战结束后不久，亚洲发生的冲突证实了"胜利不可能仅靠军事手段获得"这一真理。

二战早期，荷兰、英国、法国被轴心国击败的事情对全球的政治格局产生了深远的影响。殖民宗主国不仅发现自己向海外殖民地派遣部队的能力大大减弱，还发现殖民地区人民的思想观念也开始变化。独立运动开始兴起，而且在某些情形下，这些独立力量愿意为自由而战。

政治气氛的改变也为其他国家的扩张创造了机会。新成立的共产主义国家——中国，就愿意而且有能力闯进已遭削弱的西方国家创造出的这片权力真空区。由此，当殖民宗主国力图继续占领殖民地，西方国家想要阻止共产主义扩散时，亚洲的政治-军事局势开始变得复杂。

中国内战产生了大量的老兵和很多致力于传播共产主义的政治传教士。战争也使很多人流离失所，他们中的有些人在马来西亚定居了。在那里，他们生活贫困，住在边远地区。贫困使他们对任何可能改变他们生活境遇的人言听计从。

中国对1945年开始的印尼革命的影响并不大，但流离失所的华人和共产党官员，在紧接着发生的马来亚紧急状态（戒严）中扮演了重要角色。与此同时，法国被卷进了1946年开始的印度支那战争。

印度支那

法国在印度支那的失败为北越建立一个共产主义国家铺平了道路。北越公开声明，它的目标是领导整个越南。这一目标又使美国陷入阻止共产主义扩散的泥潭。发生在马来西亚、印尼与印度支那的冲突妨碍了以印度支那为殖民地的那些强国的利益。

越南不是美国的殖民地，美国也从未试图将它变成自己的殖民地。美国支持南越这个所谓的"民主国家"，是想把它变成抵抗共产主义的桥头堡。也许它会成为第二个朝鲜半岛（共产主义的占领运动在朝鲜半岛未成功）。但是，越南与朝鲜半岛的形势完全不同。事实上，越南战争的作战双方在许多方面都与朝鲜战争的作战双方截然不同。

美国及其盟国寻求军事胜利，不能否认的是，他们在这方面是成功的。但是，北越人民灵活运用了中国内战和印度支那冲突的经验教训，他们为政治上的胜利而战。因

▲ M79榴弹发射器

南越的一名士兵手持榴弹发射器蹲下，M79是越战期间一种理想的班级支援武器。

▲ **奠边府**

1954年奠边府战役期间，法国军团在印度支那北部巡逻时休息。他们全部装备了法国制造的MAT49冲锋枪——一种服役时间长达30年且耐用的多功能武器。[1]

此，尽管美军在战场上未被击败，但他们还是被迫撤离，让南越听天由命。

苏军在阿富汗

1979年，苏军入侵阿富汗的故事也与此相似。尽管苏联能够控制阿富汗政府及关键城市，但不能有效对付在阿富汗乡野活动的革命分子。革命分子的伏击和偷袭不断对苏军造成伤亡。虽然苏联有后备人员可以替换伤亡者，这场战争还是因付出与收获严重不成正比而难以继续。

最终，苏军被迫撤离阿富汗。正如本章的其他战争一样，假如苏联愿意多付出些代价，这场战争是能获胜的，只是不值得这样做。对革命分子来说，这已经成了现代战争的一种特点——在军事上他们可能不会取得胜利，但如果他们抬高持续卷入战争的代价，正规军可能会因想减少损失而撤退。

---

[1] MAT即法语Manufacture Nationale d'Armes de Tulle的缩写，意为"由国营兵器日蒂勒工厂制造"，下文直接用缩写。

马来亚紧急状态 1948—1960

马来亚冲突与英军刚参加过的二战完全不同，它需要一种全新的战略。

中国内战造成许多人流离失所，其中有些人在马来亚的边远地区定居了。他们中的绝大多数都过着清贫的生活，以农业来维持生计。马来亚共产党（MCP）从这些人中得到了现成的支持。

二战开始前，马来亚共产党在马来亚得不到支持，但日本的入侵让它在非政治化的马来亚人民抗日军（MPAJA）中崛起，成为领导者。马来亚人民抗日军，与其说是附属的政治团体，不如说是抗日队伍。但是，马来亚共产党在抗日斗争中起着举足轻重的作用。

武器

马来亚共产党装备的部分武器来源于盟军1942—1945年间的空投，其他武器则是通过搜寻1942年日军入侵战场中的废物得来

的。在这些战场上，英国和英联邦部队曾数次阻滞日军向新加坡基地推进，但未成功。此外，他们还获得了英国军官的协助。

战争末期，英军部队迅速抵达并重新夺取了马来亚，马来亚人民抗日军并未抵抗。作为对上缴武器的回报，英军承认马来亚共产党是一个合法的政治党派。马来亚共产党获得的支持仍然不强，但它在马来亚的华人社会中得到了一批追随者。

马来亚民族解放军[1]，主要是用二战期间盟国提供的抵抗日本占领者的那些武器来战斗。虽然有些武器已被上缴，但仍有大量武器藏在丛林中，留待以后使用。中国来的武器也补充了上述武器，中国武器中有很多是美国原来提供给中国国民党军队的。

英国很多部队都装备了李恩菲尔德"丛

◄ 丛林巡逻

1957年，英国特种部队在马来亚某处茂密的丛林中挣扎。前排的那个人手中装备1支李恩菲尔德No.5 Mk I，其后面的同伴携带的是1支L1A1 SLR半自动步枪。再往后的另一士兵携带的是1挺布伦轻机枪。

---

[1] 后改名为马来亚人民解放军。

林卡宾枪"，这种枪正是为了能在马来亚这样的条件下使用而研发的。它是久经考验的李恩菲尔德步枪的缩短轻量版，从理论上讲，这是丛林战时的理想武器，但实际使用时表现远不如预期，以至于其生产仅从1944年持续至1947年。之后，英军找到了一种替代武器。丛林卡宾枪最主要的问题是它那大得异乎寻常的后坐力、口焰和噪音。一块橡胶枪托垫肩和一个消焰器在某种程度上弥补了这些缺陷，但由于其精度仍然存在问题，很快就被淘汰了。

依赖相对稍好的李恩菲尔德No.4步枪一段时间后，英军开始使用L1A1自动步枪。虽然这种全威力步枪在远距离战斗时的准度很好，但在封闭的丛林中不易操作。L1A1自动步枪与斯特林冲锋枪配对使用后，其短处得以弥补。斯特林冲锋枪被证明是一种理想的近战武器。

紧急法案

马来土著人和华人移民之间的矛盾在1945—1948年间引发了冲突。马来亚共产党捍卫华人的事业，使它得到了进一步的支持。在力量足够强大后，马来亚共产党于1948年发动了一场"武装斗争"，想夺取对

马来亚的控制权。与此同时，绝非巧合的是，共产主义运动在缅甸、印尼和菲律宾也开始了。

由马来亚共产党人员、前马来亚人民抗日军成员和人民中心怀不满的人所组成的"马来亚人民抗英军"，开始试图控制这个国家。虽然其组成人员中只有十分之一不是华裔流亡者，其名称还是于1949年被改为马来亚民族解放军。

因马来亚民族解放军中的马来土著人仅占少数，马来亚民族解放军并没有在非华裔人口中得到显著支持。不管怎样，马来亚人民抗日军是一支令人畏惧的战斗力量，而且在那些愿意提供食物和情报的人中有支持者网络。

马来亚的问题并非仅靠军事力量就能解决。在马来亚，是否是战斗无明确界限。而且很多时候，很难区分无辜村民和马来亚民族解放军。英国入驻马来亚的大批部队帮助的是政权，而不是作战部队，因此，从本质上来说，英国采取的措施是政治措施。陆军作战单位协助当地警察和民事当局，情报部门被高效地用来搜集革命分子的组织和行动情报。

对此，英国采取的办法是从1948年起实

▲ **李恩菲尔德No.5 Mk I丛林卡宾枪**
1952年配属于正在雪兰莪州加影地区的皇家西肯特团

该枪主要是为了轻便而设计的。不幸的是，其重量降低后，使用者能感受到的后坐力却增强了。尽管如此，该枪在缅甸二战时和马来亚紧急状态期间的使用效果仍然不错。

技术参数	
制造国：英国	枪管长：478毫米
年份：1944	（18.7英寸）
口径：7.7毫米（0.303英寸）	枪口初速：610米/秒
动作方式：旋转后拉机	（2000英尺/秒）
重量：3.24千克（7.14磅）	供弹方式：10发弹匣
全长：1000毫米	射程：1000米
（39.37英寸）	（3280英尺）

施一系列紧急状态措施。嫌犯可以未经审判就被扣留，但是非政府团体会审阅案件以确保公正。此外，还实施宵禁和身份证制度，并且用激励机制鼓励人们保管好自己的身份证。重要的是，这些措施提高了马来亚人的自卫能力。由于朝鲜战争正在进行，英国陆军部署在马来亚的人力有限。英军极度依赖当地武装，这是很冒险但最后会有回报的战略。扩编并重新武装了警察部队，还新设了国土警卫队。这些措施不仅使军队人员解脱出来，还使镇压反抗分子的行动更有效率。通过赋予当地人抵御反抗者的能力，马来当局瓦解了马来亚民族解放军的信誉及其群众基础。

基地在丛林中的马来亚民族解放军，因为有住在偏远地区的部分华裔人口的支持开始行动。尽管主要城市受当局控制，但这并不能阻止他们在农村发起突袭和伏击。欧洲人所拥有的产业，譬如锡矿和橡胶园被袭击。1951年10月，英国的马来亚殖民事务高级专员遭伏击并被击毙。

反游击战术

1950年，游击队能够以每作战单位100人或者更大的规模来行动，并有足够的信心去攻击警察哨所和其他目标。尽管机动部队富有侵略性的政策某种程度上对当局有帮助，但总体形势还是令人绝望——对攻击所做的努力绝大部分并无效果，而且，如果不能发现游击队的营地，针对游击队员的行动就很难实施。

为了瓦解游击队的支持，居住在英国人所说的"违章建筑"里的华裔居民，即马来亚民族解放军的主要募兵来源，被迫迁进"新村"并被给予了耕地。这种"新村"大多繁荣起来。现今，广大"新村"都成了兴旺的城镇。短时间里，新村的居民就过上了好日子。多数人觉得，为那些他们已免费得到的东西再去打仗毫无意义，于是，他们对马来亚民族解放军的支持便减弱了。

常规的小范围巡逻和特种部队收集到的情报给游击队造成不小伤亡。这削弱了游击队的士气，也使当局得到了不少囚犯。数量惊人的囚犯愿意带领安全部队去他们以前工作的地方，以求能够活命和得到一笔赏金。

能够取得最终胜利的关键是，有效军事行动和政治措施的结合。英军、廓尔喀部队和马来亚人，小规模深入丛林与游击队交战，并持续对游击队施压。当发现一处营地时，他们就会发动大规模突袭。与

▲ **L1A1自动装填步枪（SLR）**
1954年11月配属于驻怡宝的英军第22特别空勤团

自1954年起，英国陆军下发首款半自动步枪，极大提升了单兵火力。

技术参数	
制造国：英国	枪口初速：853米/秒
年份：1958	（2800英尺/秒）
口径：7.62毫米（0.3英寸）	供弹方式：20发弹匣
北约制式弹药	射程：800米
动作方式：导气式	（2625英尺）以上
重量：4.31千克（9.5磅）	全长：1055毫米
枪管长：535毫米（21.1英寸）	（41.5英寸）

此同时，当地居民如果不支持革命分子，就会得到奖励。

游击活动显著的地区受制于食品配给、宵禁和其他一些让游击队员及其支持者生活困难的措施。"白区"（指那些没有或很少有游击活动的地区）则没有这些限制。因为有警察和国土警卫部队的保护，这些地方的居民足以抵御游击队的袭击，也有充分的理由阻止他们在自己的势力范围出现。

因支持不断减少且伤亡持续发生，革命分子渐渐失去了信心。很多人愿意出卖自己的同志，有些是为了免于饥荒而投降。用来削弱革命分子的举措是如此成功，以至于1960年6月底，官方就宣布结束紧急状态。军事方面的行动对马来亚的胜利起着至关重要的作用，游击队员们在争夺当地民心方面也失败了。今天，马来亚紧急状态被作为如何展开反游击战的教科书范例。

▲ L4A1布伦轻机枪
1960年配属于驻柔佛州的马来团第3营

英国制造的武器被提供给了马来亚，比如这种性能优异的布伦轻机枪升级版。该枪使用7.62×51毫米北约制式弹。

技术参数

制造国：英国	枪口初速：730米/秒
年份：1958	（2400英尺/秒）
口径：7.62毫米（0.3英寸）	射程：1000米
动作方式：导气式，气冷式	（3280英尺）以上
重量：10.25千克（9.5磅）	全长：1150毫米
枪管长：625毫米（25英寸）	（45.25英寸）
供弹方式：30发弹匣	

技术参数

制造国：英国	枪管长：196毫米
年份：1951	（7.7英寸）
口径：9毫米（0.35英寸）	枪口初速：395米/秒
使用派拉贝鲁姆手枪弹	（1295英尺/秒）
动作方式：自由枪机式	供弹方式：34发弹匣
重量：空枪重2.7千克	射程：200米（656英尺）
（5.9磅）	全长：枪托展开时686毫米
枪管长：196毫米	（27英寸）；枪托折叠时
（7.7英寸）	481毫米（18.9英寸）

▲ 斯特林L2A3冲锋枪
1955年12月配属于驻雪兰莪州的皇家汉普郡团

冲锋枪在险恶的丛林近距离交战中证明了自己的价值，其高射速增加了击中某个快速移动的目标的机会。

印度支那 1946—1954

第二次世界大战结束后，遭到削弱的法国试图重新获得对东南亚领地的控制。

在19世纪后半叶，法国在东南亚得到了大块领地。虽然民族主义运动在20世纪初期出现过，但法国对殖民地的控制遭到严重削弱却是在二战早期被轴心国击败后。此后，法国殖民地变得脆弱，其东南亚的殖民地被日军踩躏。

在东南亚，致力于国家统一和独立的主要力量是由胡志明领导的印度支那共产党。共产党在"越南独立同盟会"（简称越盟）的名义下抵抗日军的占领行动，军事领导人是武元甲。

越盟的控制

日军战败使得越盟能够控制如今是越南北方的那些地方（首都河内），河内位于

▲ 班用机枪

1952年，法军在印度支那将1挺FM-24/29[1]架在1支美制M1伽兰德步枪上面。印度支那的法国陆军装备了美国很多的战争剩余装备[2]。

法国/越盟营级武器对比，1953*		
武器	法军	越盟
步枪	624	500
冲锋枪	133	200
轻机枪	42	20
81毫米（3.2英寸）迫击炮	4	8
60毫米（2.4英寸）迫击炮	8	–
无后坐力步枪	3	–
巴祖卡火箭筒	–	3

*这是上尉雅克·德皮埃什所作的1953年法军和越盟营级单位典型武器的比较情况。（引自皮埃尔·拉布鲁斯的《越盟战术》）

此前被称为"东京保护国"的地区[3]。越南北部强烈支持共产党，南部则弱些，团结党（United Party）在南部组建了政府。

二战结束后，英军迅速抵达越南南部使团结党失去了对南部各地的控制——大部分城镇和通信线路很快被英军牢牢控制。在1945年7月举行的波茨坦会议上，盟国决定法国可重新获得其前殖民地，于是，1946年法军开始从英军那里接管该地。

[1] 法语直译为燧发机枪24/29型。
[2] 二战结束后，美国以极低的价格大肆抛售乃至赠送"战争剩余物资"并延长《租借法案》有效期。
[3] 越南称之为北圻，北部湾古称东京湾，不能与日本东京相混清。
[4] MAS即法国圣艾蒂安兵工厂的首字母缩写，下文一律用缩写。

法国 1946—1954

法国在印度支那部署了一支常规部队，打了一场绝不常规的战争。

战后，法国开始了相当混乱的岁月。从德国的占领中解放后，其武装力量不得不从零开始重建。重建需要数千人的部队、火炮、车辆和其他物资。法国制造的大量武器来自库存或是新近制造，但短期内，这些还是不够用。所以，法国军队装备了其他盟国捐赠的大量武器，尤其是美国的。

法国最近的战争经验都是在大规模的常规冲突中获得的，它创立的这支军队也正适合进行大规模的战争。关于这一点，法国也别无选择。法国曾被常规战击败，因此，它的首要任务是阻止这种失败再次发生。然而，常规部队并不是解决法国远方殖民地暴乱的理想工具。

从很多方面来说，法国派往印度支那殖民地的部队都是二战后短时间内的典型部队。该部队主要由有轻机枪支持的步兵组成，他们可能通过卡车或其他交通工具调动，但他们还是用传统方式——步行作战。

二战时期的步兵班二战时已被证明是有效的，但印度支那的丛林环境并不是栓动步枪理想的使用环境。栓动步枪在远距离上的精度多数时间都浪费了，而其较低的射速则是不利因素。密集的火力在打退伏击或打击藏在植物后面的敌人时更为有效。步枪口径的子弹确实能很好地穿过柔软的覆盖物，然而轻一些的子弹穿过矮树丛时，会很快失去动能。

因为是从二战的废墟上重建的，法军被迫使用各种武器。有些武器来自战前的库存，而M1伽兰德这样的武器则是美国提供的。新式的MAS–49半自动步枪④在印度支那战争期间已可使用，随后在此枪的基础上又产生了MAS–49/56步枪。MAS–49/56在印度支那战争结束后开始服役。

法军在印度支那也大量使用冲锋枪。虽然冲锋枪提供了优秀的近距离火力，但它使用的手枪弹即使是对付处于轻薄遮蔽物后

▲ M1A1卡宾枪
1954年6月配属于位于芒杨小道（Mang Yang Pass）的远东远征军第1空降团

美制M1A1卡宾枪在空降部队中很流行，因为它将轻便性与合理的火力结合了起来。

技术参数	
制造国：美国	枪管长：457毫米
年份：1942	（18英寸）
口径：7.62毫米（0.3英寸）使用卡宾枪弹	枪口初速：595米/秒（1950英尺/秒）
动作方式：导气式	供弹方式：15或30发弹匣
重量：2.5千克（5.47磅）	射程：约300米
全长：905毫米（35.7英寸）	（984英尺）

面的敌对分子也并非总是有效。因此，需要一种介于全口径战斗步枪和冲锋枪之间的枪械，一种能够自动或半自动高频率发射高速子弹的武器。然而，法国那时还没有机会接触才出现的新一代突击步枪，很大程度上，他们得在栓动步枪和冲锋枪之间取得平衡，这也是二战时很多国家的做法。

然而，法军最缺的不是武器，而是对敌人和这场战争本质的认识。在欧洲，战争的胜负是通过对城市及城市间交通线路的控制决定的，尽管后者的决定程度要小些。

印度支那的情况则完全不同。尽管有一些游击战活动，但到1950年2月，法军似乎仍牢牢掌控着印度支那，当时的越盟军队仅占领了印度支那最北端的老街这一小块地方。5月，虽然法军发动的一次反击打退了越盟对东溪的主要攻势，但越盟对散落在外的法军据点的进攻仍是成功的。9月间的第二次攻击以共产党的胜利告终。越盟部队伏击了法军的救援行动，迫使其从谅山撤退。到那时为止，越盟的游击战已取得胜利，随后他们开始运用常规战术，1951年初时，曾

▲ MAS M36步枪
1951年11月配属于在町滨小道作战的法国远东远征军第2机动团

尽管替换MAS1936步枪的行动从1949年就已开始，但它仍在某些作战单位中服役至20世纪60年代中期。

技术参数

制造国：法国	枪口初速：853.6米/秒
年份：1936	（2800英尺/秒）
口径：7.5毫米（0.295英寸）	供弹方式：5发弹仓，采用弹
动作方式：旋转后拉枪机	夹装填
重量：3.7千克（8.2磅）	射程：320—365米
枪管长：575毫米（22.6英寸）	（1050—1198英尺）
全长：1020毫米（40英寸）	

▲ MAS M38冲锋枪
1953年11月配属于奠边府的法国远东远征军第1外籍空降营

虽然这是一款制作精良的武器，但它发射的低威力弹药限制了其效力。其枪机后坐滑行进入枪托部分，降低了MAS38冲锋枪的长度。

技术参数

制造国：法国	枪管长：247毫米
年份：1938	（9.75英寸）
口径：7.65毫米	枪口初速：395米/秒
（0.301英寸）长弹	（1300英尺/秒）
动作方式：自由枪机式	供弹方式：32发弹匣
重量：4.1千克（9.1磅）	射程：70米（230英尺）
全长：832毫米（32.75英寸）	

尝试获得对河内周边地区的控制权。

　　在这里，法军的武器和战术都很适用于目前的情况，武元甲的部队遭严重削弱。随后，法军开始在河内周边设立防御圈，防御圈内有机动预备役力量，能够反击任何越盟可能发起的进攻。随着法军变得自信，他们决定对越盟基地展开攻击。这一策略最终导致了法军的失败。

技术参数

制造国：法国	枪管长：228毫米（8.98英寸）
年份：1949	枪口初速：390米/秒
口径：9毫米（0.35英寸）	（1280英尺/秒）
使用卢格子弹	供弹方式：20或32发弹匣
动作方式：自由枪机式	射程：70米（230英尺）
重量：3.5千克（7.72磅）	全长：720毫米（28.35英寸）

▲ **MAT49冲锋枪**
1953年10月配属于位于红河三角洲的法国远东远征军第3殖民地伞兵营

MAT49冲锋枪使用的是9×19毫米弹药，因此，其威力比MAS38冲锋枪更大。被越盟缴获的MAT49冲锋枪经常被改造成7.65×25毫米口径[1]以便使用唾手可得的苏制子弹。

技术参数

制造国：法国	枪管长：500毫米(19.75英寸)
年份：1924	枪口初速：825米/秒
口径：7.5毫米（0.295英寸）	（2707英尺/秒）
使用M29弹药	射速：500发/分钟
动作方式：导气式，气冷式	供弹方式：25发弹匣
重量：9.25千克（20.25磅）	射程：1000米
全长：1080毫米（42.5英寸）	（3280英尺）以上

▲ **M24/29轻机枪**
1950年9月配属于参加东溪战役的法国远东远征军外籍军团

M24/29是法国陆军和殖民地部队的标准轻型支援武器，20世纪60年代正式退役后，它仍在某些预备役部队中服役了很长时间。

---

① 可能是7.62毫米口径。

越盟 1946—1954

越盟运用中国最近在内战中形成的战术抵消了法军火力的优势。

在河内城遭到惨重失败后，越盟部队的士气显著下降。另一方面，法军则决心向着胜利前进，1951年11月，法军伞兵占领了和平省。美军地面机动部队和陆海军沿河机动部队正压过来，向伞兵们靠拢。

这一行动的目的是把越盟从根据地赶出去，但这一行动最终被武元甲玩弄于股掌之中。越盟部队没有攻击和平省的敌军据点，而是伏击了巡逻队和补给品运输护卫队。他们使用的计策类似于中共内战时在华北使用的计策。尽管法军在和平省处于强势地位，但他们的部队却慢慢因补给线所受的压力喘不过气来。1952年2月，法军撤离。10月，法军与此类似的一次行动以同样的方式结束。法军成功将越盟从富端和富寿的根据地赶了出去，却无法持续占领此地。数月后，法军撤离。越盟控制乡村的时候，法军却越来越多地龟缩在河内附近的防御工事内。

但是，法军仍有取胜的机会。越盟虽然控制了乡村，但法军拥有强大的空运能力，可通过空运支援前线。而且，越盟对防御严密的地区进行的攻击往往被击退且伤亡很大。所以，如果越盟能被引诱出来攻击这样的地区，法军就能歼灭他们。

1953年11月，法国伞兵部队占据了奠边府并以其作为前进基地。这样做的目的是想通过攻击越盟的补给线来扰乱其行动。法军希望这一行动能引起越盟进攻。奠边府已经要塞化且补给品是空运来的，法军所希望的攻击开始了。但是，越盟的战斗能力远远超出法军的预期——越盟用大批部队包围了法军基地，并带来了大量的火炮和防空炮，使法军的空运补给和增援变得越来越困难。通过大量修筑连续性的防御据点，得到炮兵支

▲ **马克沁重机枪**
1952年11月时配属于位于振孟峡谷的越盟第308师第36团

供应给越盟的武器中，有些已经在其漫长的服役期中数度易主。尽管年代久远且不便于移动，马克沁机枪却依然有实用价值。

技术参数

制造国：苏联	射速：500发/分
年份：1910	枪管长：721毫米
口径：7.62毫米（0.3英寸）	（28.38英寸）
动作方式：枪管短后坐式，	枪口初速：740米/秒
肘节式闭锁	（2427.2英尺/秒）
重量：64.3千克	供弹方式：250发布制弹链
（139.6磅）	射程：1000米
全长：1067毫米（42英寸）	（3280英尺）

援的越盟部队慢慢向基地挺进。被围困长达55天后，剩下的法军投降了。

越盟的武器有多个来源。二战期间，越南抗日部队的武器是由盟国提供的。再加上对越友好的中国共产党提供的国民党装备，越盟的武器得到加强。二战结束时，越南和中国缴获了日军的大量武器，这些武器被用来装备越盟早期的"自卫武装"。

法国武器也被广泛使用。有些法国武器是在战争中缴获的，但大多来源于日本库存。这些武器最初是在1941—1942年间日本占领越南后收缴的。

越南本地也生产武器，常常是由隐藏在村子里的小作坊制造的。他们的产品包括英国司登冲锋枪的仿制品，中国提供的武器和缴获的法国武器的各种自造版本。

技术参数

制造国：苏联	射速：650发/分
年份：1943	枪管长：254毫米(10英寸)
口径：使用7.62毫米	枪口初速：500米/秒
（0.3英寸）苏制弹药	（1640英尺/秒）
动作方式：自由枪机式	供弹方式：35发弹匣
重量：3.36千克（7.4磅）	射程：100米（328英尺）
全长：820毫米（32.3英寸）	以上

▲ **PPS-43冲锋枪**
1950年时配发给北越的越盟游击队

简易且便宜的PPS- 43曾被用来武装越盟正规军和非正规武装。该枪易于维护，在近距离进攻中非常有效。

技术参数

制造国：苏联	射速：475发/分
年份：1928	枪管长：605毫米
口径：使用7.62毫米	（23.8英寸）
（0.3英寸）苏制弹药	枪口初速：840米/秒
动作方式：导气式，气冷式	（2756英尺/秒）
重量：9.12千克（20.1磅）	射程：1000米
全长：1290毫米（50.8英寸）	（3280英尺）以上
供弹方式：47 发弹盘	

▲ **捷格加廖夫DP轻机枪**
1951年10月配属于义路河谷的越盟第312师209团

越盟的组织方式在很大程度上与西方军队一致，但装备的是苏联和中国提供的火炮、迫击炮及轻型支援武器。弹药也同样来自中国和苏联。

越战

1954年，《日内瓦协议》对越南的政治问题并未给出一个永久的解决方案，很快，一场持续时间更长、范围更广的冲突爆发了。

终结了印度支那战争的《日内瓦协议》原打算为一份永久解决方案铺平道路，但这一设想被证明是有问题的。一份承认北越和南越为不同国家的提议基于冷战政治的基础而得以成立。北越和南越被北纬17度线上的非军事区（DMZ）一分为二。虽然北越当局阻止人员外流，难民们还是向南流动，但也有少数人前往北方加入了北越。

在美国的协助下，南越开始获得经济和军事力量，克服了因难民涌入及在前殖民地成立新国家带来的困难。然而，仍有大量前越盟成员居住在南越，而且，他们在越共新旗帜的领导下于1959年发动了一场游击战。对付游击战最有效的行动源于驻扎在村里的轻步兵，规模相对较大的民警卫队负责应对本省内的小威胁。尽管这些部队竭尽所能，

▲ 班级火力

1967年，湄公河三角洲某地，美国陆军的一支小队正准备离开掩蔽处。该小队携带了1挺勃朗宁M1919机枪，大多数步枪手装备的是M1卡宾枪或M14步枪——直到1967年被M16突击步枪取代前，它们一直都是步兵的标准装备。

依旧没有解决面前的难题。越南共和国陆军（ARVN）①不能胜任反击游击队的任务。他们按常规队形集结，处理越过非军事区的入侵，而且他们从未受过反游击训练。

美国干涉

随着局面迅速恶化，美国加快了军事援助的步伐。即便如此，1959—1965年，越共的力量依然强大到能在常规战中击败越南共和国陆军。

与此同时，南越政府却在瓦解。美国面临着到底是支持南越还是撤离的抉择。撤离是令人无法接受的，故此，首支美军作战部队于1965年2月抵达南越加入了战斗。

美军 1959—1975

美军开始于1965年抵达越南。他们面临着艰苦的斗争，卷入了一场几乎已经失控的局面。

随着北越陆军（NVA）越过非军事区且越共占了优势，美国第一批部队抵达时，南越的崩溃似乎近在眼前。为了挽救局势，需要采取强有力的行动——以扰乱北越的后勤运输线为开端。美军战斗机攻击了北越的基础设施、补给线和后援工业，希望能够削弱北越陆军的战斗力。

然而，北越得到了苏联和中国的补给，其陆军的战斗力从未严重瘫痪过。与此相似，阻止补给运抵越共的那些行动同样未能成功。越共不仅能够从本地村社那里获得支持，还能从主要补给线——穿过老挝和柬埔寨的"胡志明小道"——获得供应。胡志明小道虽然受到过来自空中的打击，但打击仅延缓了补给品的运输速度。

正规战

美军大规模参加了对抗北越的常规行动，后者常越过非军事区、柬埔寨和老挝边境发动袭击。就算被击败（这种事经常发生），这种策略也能使北越军队撤至安全的基地。美军拥有较好的支援，优势的火力，基本上能在野战中轻松击败北越陆军。频繁的胜利给了美军已获得成功的错觉，随着敌军撤出战区，"伤亡人数统计"也支持美军已取得胜利。然而，战略形势大不相同。

正规战只是北越战略的一个组成部分。北越战略还包括发动革命来获得对南越大片地区的控制权。起初，南越军队对抗越共时失败了，表现很糟，他们不能胜任这一角色。虽然南越政府在某种程度上稳定了政局，但它在农村依然毫无可信度。

起初，美国并不想把南越建设成一个国家，它关注的是遏制共产主义。它最初希望通过给北越陆军和越共造成大量伤亡，迫使他们退出战争。然而，对一个能一直向战场投入人力的多人口集权主义国家来说，这些做法丝毫不起作用。

---

① 除标题外，以下简称南越陆军。

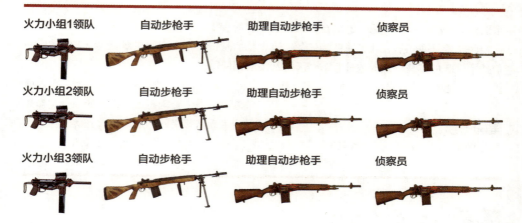

火力小组1领队	自动步枪手	助理自动步枪手	侦察员
火力小组2领队	自动步枪手	助理自动步枪手	侦察员
火力小组3领队	自动步枪手	助理自动步枪手	侦察员

美国海军陆战队步兵班，1986

美国海军陆战队每个班分为3个4人火力小组。每组有1名军士为领队（装备1挺M3A1冲锋枪），另外还有1名步枪手操作全自动步枪（改造后加装了两脚架的M14）和2名步枪手（助理自动步枪手和侦察员），这2人装备的也是标准型的M14。改良版的M14被用作班用支援武器，1968年前，所有人员所装备的都是M14，1968年以后，装备的是M16。虽然如此，保留改版M14的事情也并不罕见，这是为了需要时能获得额外火力。

组织
- 步兵连
  - HQ
- ▶ 第1步兵排 ▶ 第2步兵排 ▶ 第3步兵排
  - HQ   HQ   HQ
  - 1 2 3   1 2 3   1 2 3
- ▶ 武器排
  - HQ

HQ=指挥部

美国海军陆战队步兵连：兵力	
人员	数量
步兵排	3
武器排	1
海军医院看护兵（每人负责一个步兵排，高级 看护兵负责连队指挥部）	4
行政书记官	1
宪兵警长（一般为下士或上士军衔）	1
训练军士	1
连机枪上士	1
一等上士	1
执行官（XO）一般为一等中尉	1
指挥官（CO）一般为上尉	1

美国海军陆战队步兵排：兵力	
人员	人数
排长，一般为少尉	1
军士（PSG），通常为上士	1
排成员	
电台-电话操作员	1
前进观察员	1
前进观察员下属的电台-电话操作员	1
排医务兵	1
第1步兵班	13
第2步兵班	13
第3步兵班	13
合计	45

▶ 勃朗宁大威力手枪
配属于美国驻越顾问司令部研究观察组

9毫米口径（0.35英寸）勃朗宁手枪被在南越充当顾问的某些美国特种部队成员当作佩枪。

技术参数

制造国：比利时/美国	枪管长：118毫米
年份：1935	（4.65英寸）
口径：使用9毫米（0.35英寸）	枪口初速：335米/秒
派拉贝鲁姆手枪弹	（1100英尺/秒）
动作方式：枪管短后坐式	供弹方式：13发弹匣
重量：0.99千克	射程：30米（98英尺）
（2.19磅）	全长：197毫米(7.75英寸)

◀ 史密斯威森M10
1965年11月配属于参加德浪河谷战役的美军第1骑兵师

左轮手枪被发给直升机飞行员紧急时使用，一般情况下，直升机飞行员不会遇到敌人。

技术参数

制造国：美国	枪管长：83毫米
年份：1899	（3.27英寸）
口径：9.6毫米（0.38英寸）	枪口初速：190米/秒
动作方式：双动式左轮	（625英尺/秒）
全长：190毫米（7.5英寸）	供弹方式：5发弹仓
重量：0.51千克（1.1磅）	射程：20米（66英尺）

▲ 伊萨卡M37 M霰弹枪
1967年10月配属于驻平阳省的美军第1步兵师第28步兵团

在"搜寻与摧毁行动"中，"侦察兵"[1]曾广泛使用霰弹枪，霰弹枪使他们能对任何突然袭击或伏击做出快速反应。

技术参数

制造国：美国	枪管长：330—762毫米
年份：1970	（13—30英寸）
尺寸/口径：12、16、20	枪口初速：各异，取决于弹
或28号	药种类
动作方式：泵动式	供弹方式：4发容弹量整体式
重量：各异	管状弹仓
射程：100米（328英尺）	全长：各异

---

① 被派到巡逻队伍前面充当哨兵的士兵，所处位置较危险。

火力基地

美军的战术围绕对重火力的应用展开。重兵把守的基地沿非军事区边界部署，通常构成一连串"火力基地"，炮兵可以从这些基地支援其他筑垒地区，向通过地面或空中侦察辨明的目标开火。

火力基地和可能位于深远后方的补给基地是持续骚扰和大规模攻击的对象。在很大程度上，这些基地符合美军的目的——将敌军的注意力吸引到美军防线上，敌方挣扎着通过雷场和带刺的铁丝网时，美军可以根据时情况发扬火力。

这些火力基地和补给基地必须再补给，有必要沿着补给线路和周围的丛林持续巡逻。无论是遇到伏击还是巡逻队与敌军接触，基地都会派出反应部队，但他们并不总是能引来敌军作战。有时，反应部队自己在路上就被伏击了，或是必须杀出一条血路才能救出最初的受害者。

直升机机动是在越美军的关键优势，它使部队得以快速部署，支援或撤离战场。直升机也被大量用作伤员疏散和火力支援。其运用使一种新的战争形式得以兴起，空中机动的步兵不仅能得到火力基地的远距离支援，还能得到直升机机炮提供的近距离支援。其他航空器——从传统的战斗轰炸机到经过改装的货机——都被用作"炮艇机"，也提供了重火力支援。

▲ M14自动步枪
1966年1月配属于美军第1步兵师第173空降旅

被M16取代前，M14步枪一直是美军步兵的标准武器，它在小范围的巡逻行动和师级行动中都非常有用。

技术参数

制造国：美国	枪管长：558毫米（22英寸）
年份：1957	枪口初速：595米/秒
口径：7.62毫米（0.3英寸）	（1950英尺/秒）
动作方式：导气式	供弹方式：20发弹匣
重量：3.88千克（8.55磅）	射程：800米（2625英尺）
全长：1117毫米（44英寸）	

▲ M16A1突击步枪
1970年7月配属于驻"开伞索"火力基地的美军101空降师第3旅

全自动M16A1突击步枪提供的单兵火力，在"开伞索"火力基地保卫战中至关重要，那是越战中美军的最后一次大规模地面战斗。

技术参数

制造国：美国	枪管长：508毫米（20英寸）
年份：1963	枪口初速：1000米/秒
口径：使用5.56毫米	（3280英尺/秒）
（0.219英寸）M193弹药	供弹方式：30发弹匣
动作方式：导气式	射程：500米（1640英尺）
重量：2.86千克（6.3磅）	全长：990毫米（39英寸）

空中机动能力允许美军将大量部队快速部署到某个地区，并在敌军的撤退路线上设好伏击圈。这种战术非常有效，美军赢得了自己发动的所有重要战役。然而，为了获得对乡村的控制，有必要将巡逻队派到丛林去，并与能找到的任何革命分子作战。

狙击手的战争

狙击手在这种行动中扮演着至关重要的角色，他们不仅是射手，也是观察者。双人狙击小组能够通过狙杀军官压制住整支敌军，呼叫炮兵或空中支援对敌军造成严重伤亡等方式瓦解大队敌军。神不知鬼不觉地在丛林里穿行的技能对他们非常重要。被发现的狙击小组可能会被敌军火力消灭。

M14步枪的狙击型被命名为M21，该枪被证明非常有效。其20发容弹量和半自动原理使得狙击手可以向躲在掩蔽物后使用栓动武器的目标连续射击。当狙击小组陷入近距离战斗时，M21也是一种很好的战斗步枪。

▲ **M21狙击步枪**
1969年2月配属于驻越南槟椥市的美军第9步兵师第60步兵团

M21狙击步枪由M14改进而来，加装光学瞄准镜或增强光线的"星光瞄准镜"有助于在夜间寻找目标。

技术参数

制造国：美国	枪口初速：853米/秒
年份：1969	（2798英尺/秒）
口径：使用7.62毫米（0.3英寸）北约标准弹药	供弹方式：20发弹匣
动作方式：导气式	射程：800米（2625英尺）以上
重量：5.55千克（12.24磅）	全长：1120毫米
枪管长：559毫米（22英寸）	（44.09英寸）

技术参数

制造国：美国	枪口初速：777米/秒
年份：1966	（2550英尺/秒）
口径：使用7.62毫米（0.3英寸）北约标准弹药	供弹方式：5发弹仓
动作方式：旋转后拉枪机	射程：800米（2625英尺）以上
重量：6.57千克（14.48磅）	全长：1117毫米（43.98英寸）
枪管长：610毫米（24英寸）	

▲ **M40狙击步枪**
1968—1970年间由美国海军陆战队第5团查克·马威尼中士[1]使用

在老练的狙击手手中，一支栓动步枪能够对敌军造成严重伤亡。马威尼中士在他16个月的服役期里击毙了100多人。

---

[1] 查克·马威尼中士，出生于美国俄勒冈州，越战期间服役于美国海军陆战队，担任狙击手。

加装了消声器的M21使对方很难定位狙击手的位置，提高了狙击手的生存能力。

步兵武器与战术

战争期间，标准的美军步兵排主要由步枪手组成，也有一些技术兵。引领巡逻队的"侦察兵"往往会装备霰弹枪。虽然射程和穿透力不佳，但该枪能使巡逻人员快速应对伏击或高速运动的目标，命中率也更好。

火力支援由通用机枪提供，通常是一挺M60机枪。M60机枪正常状态下非常有效，但由于它很重且有很多问题，士兵们给它起了个绰号——"小猪"。无论如何，M60能够发射出强有力的火力，并能击中目标。7.62×51毫米全威力步枪弹能射入丛林很远的地方，子弹穿过树枝和树叶的声音，能迫使敌军与美军脱离接触或去寻找更好的掩蔽物。

▲ M3A1"黄油枪"
1970年3月配属于正在平福省的美军第9步兵师第47机械化步兵团

M3A1是M3冲锋枪的一种改进型，配发给车组人员和后方指挥所人员作为自卫武器。该枪可以很方便地收纳进车里。

技术参数

制造国：美国	全长：762毫米（30英寸）
年份：1944	枪管长：203毫米
口径：9毫米（0.35英寸）派拉	（8英寸）
贝鲁姆手枪弹或11.4毫米（0.45	枪口初速：275米/秒
英寸）柯尔特自动手枪弹	（900英尺/秒）
动作方式：自由枪机式	供弹方式：30发弹匣
重量：3.7千克（8.15磅）	射程：50米（164英尺）

▲ M60通用机枪
1969年4月配属于正在边沥县的美军第9步兵师第31步兵团

尽管有故障或损坏的倾向，M60机枪仍因持续射击的能力被重视。内衬钨铬钴合金的内膛甚至在枪管白热化的情况下仍能开火。

技术参数

制造国：美国	枪管长：560毫米
年份：1960	（22.05英寸）
口径：7.62毫米（0.3英寸）	枪口初速：855米/秒
北约制式弹药	（2805英尺/秒）
动作方式：导气式，气冷式	供弹方式：弹链供弹
重量：10.4千克（23磅）	射速：600发/分钟
全长：1110毫米	射程：1000米（3280英尺）
（43.75英寸）	以上

▶ 丛林交火

1969年，在昆先附近巡逻时，一支美国海军陆战队侦察小分队装备了一挺M60机枪。

榴弹发射器也被广泛运用。有经验的人使用M79"击锤"榴弹发射器时，能将1发榴弹射进100—150米（328—492英尺）外的窗户里。"复合抛射物"——其实是1发40毫米口径的巨型霰弹——这类特种弹药能使M79的用途多样化，然而，榴弹手只配发了一把手枪用于自卫，M79本身并不是一种全能武器。

越战开始时，美军步兵的标准步枪是M14——7.62×51毫米的自动步枪。该枪颇具威力，但也有重大缺陷。自动射击时，它那20发容弹量的弹匣很快就打光了，面对30发容弹量的AK-47步枪时效能自然受到了限制。M14自动射击时很难持握，更加重了弹药的浪费。因此，大多数M14被改造成半自动射击模式，还为狙击手制造了一款高精度版的M14。

M16到货

M16步枪于1968年开始投入使用。在成为制式装备前，该枪被配发给了某些特别行动单位。然而，M16基本型有一些严重缺陷，特别是在越南丛林的污浊环境下，该枪

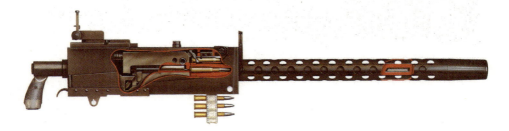

▲ 勃朗宁M1919A4机枪
1968年12月配属于在湄公河三角洲作战的美军陆海军沿河机动部队第13内河突击中队

巡逻湄公河三角洲水道的部队常驻在装备精良的船上，这些船装备了多挺0.3和0.5英寸口径勃朗宁机枪，20毫米口径火炮和榴弹发射器。

容易卡壳。有些潜在使用者以怀疑的眼光看待M16，称之为"玩具枪"——指M16的塑料零部件及小口径。不管M14有什么毛病，它发射的是大威力的7.62毫米（0.3英寸）子弹。较为轻型的5.56毫米（0.21英寸）弹药还没有在战争中证明其有效性，而且在小型弹药和更小的停止作用之间有一种直觉上的联系[1]，这使很多使用者感到担忧。M16可能满足了第一支使用这种步枪的部队——美国空军——的需求，但作战部队对它有自己的疑虑。

M16最大的问题在于，它可能根本无法开火。尽管被大力宣传为一种从不需要清理的神奇步枪，但该枪还是很快就脏了。清洁用具的缺乏使之雪上加霜。实际上，这并非完全是武器自身的问题——为了节约成本没有配发清洁用具；而且该枪选用了较便宜的弹药，其发射药污染严重。

这些问题慢慢都得到了解决，由此创造了M16A1型步枪——在枪托有一套清洁用具，加装了辅助推机柄，使枪机即使在污垢严重的枪膛中也能闭锁。总而言之，M16A1比M16更好，它为每个美军步兵提供了可控制的压制火力。然而，这种火力造成了"扫射并祈祷"的倾向，致使消耗了大量弹药后命中反而相对较少。

冲锋枪和重武器

冲锋枪在越南得到了广泛运用，主要供那些需要自卫但又不打算直接与敌军接触的炮兵和车组人员使用。美军配发的制式冲锋枪是M3"黄油枪"，这种枪最初只是二战时期的一种应急武器，但其产量如此大，以至于在军队中服役了很长时间。

冲锋枪过去曾被用作反伏击，但突击步枪接管了这一角色。突击步枪能输出冲锋枪那样的火力，且射程更远、穿透力更强。与此同时，某些担任尖兵角色的部队配发了霰弹枪，因此，没有必要创造近距离重火力来取代几名步枪手。

▲ **M79榴弹发射器**
1968年1月配属于驻隆平坊[2]的美军第199步兵旅第7步兵团

M79"击锤"为步兵排提供了向敌军投射间接火力的能力。其铰链式后膛装填动作导致射速低下，而且榴弹手不能同时携带步枪。

技术参数

制造国：美国	全长：783毫米（29英寸）
年份：1961	发射管长：357毫米
口径：40毫米	（14英寸）
（1.57英寸）	枪口初速：75米/秒
动作方式：后膛装填	（245英尺/秒）
重量：装填后为2.95千克	供弹方式：单发射击
（6.5磅）	射程：150米（492英尺）

---

[1] 即口径越小停止作用越小的错觉。
[2] 位于越南同奈省边和市。

因此，在由美军主动发起的战斗中，冲锋枪所扮演的角色相对不那么重要，它们很少被那些执行搜索敌军任务的部队使用。但越共或者北越陆军伏击护卫队或攻击某个火力基地时，冲锋枪提供的额外火力是受美军欢迎的。击退敌人对护卫队的伏击或对基地的进攻时，往往会爆发近距离争夺战，有时在黑暗中，远距离的火力可能无能为力。在这种情况下，冲锋枪就显得极为重要了。

越南化

1969年，美国的战略观点发生转变，重点转向了"越南化"：从越共手中夺回乡村的控制权，把南越发展为一个团结的国家，提高其对抗北越的能力。为了平息国内的反战运动，美军削减了人数。而且敞开了与北越谈判的大门，希望找到一种解决方案。

到1972年，已经被1968年春节攻势耗尽精力的越共丢失了对很多农村地区的控制权。对此，北越陆军以一场正面进攻来回应，而这正是美军最擅长对付的。然而，美军因国内压力最终从越南撤军。美国采取各种措施促使南越自卫，但这些措施在北越的压倒性入侵面前，最终被证明是不中用的。但那时美国对越南的干涉已经结束了。

▶ M26杀伤手榴弹
1968年2月配属于进攻顺化的美国海军陆战队第1旅

顺化是共产党在北越陆军春节攻势期间唯一真正取得了成功的地方，即便这一成功没有维持多久。美军和南越陆军夺回此城前，艰苦的城市战持续了一个月之久。杀伤手榴弹在密闭空间尤其致命。

技术参数

制造国：美国	直径：57毫米
年份：20世纪50年代	（2.24英寸）
类型：杀伤弹	起爆方式：延期引信
重量：0.454千克（1磅）	装填物：B炸药
高度：99毫米（3.89英寸）	杀伤半径：15米（49英尺）

技术参数

制造国：美国	全长：950毫米（37.4英寸）
年份：1963	初速度：145米/秒
口径：66毫米	（475英尺/秒）
（2.6英寸）	发射方式：一次性使用，
动作方式：火箭助推	必要时能重新装填
重量：2.5千克（5.5磅）	射程：约200米（650英尺）

▲ M72轻型反坦克武器
1967年1月配属于参加"雪松瀑布行动"的美军第196步兵旅

在越南，M72轻型反坦克武器主要被用作反地堡和其他要塞化据点，因为遇见北越陆军坦克的机会很小。

美国特种部队 1967—1975

各种特种部队都参加了越战，他们在选择武器方面相当自由。

在正规军卷入越战前很久，美国就已向南越派出了军事顾问。随着战争的继续，越来越多的特种部队被部署到南越，开展各种各样的行动。

二战期间，特种部队主要被当作突袭部队，但到了1960年，他们大量参与了训练当地人员的事务。受益者包括了南越常备军、地方守卫部队和从越南偏远地方招募来的土著非正规武装人员。他们被美军特别行动团接纳，他们接受了训练和武装，并在美军特种部队的领导下抗击共产党。

从1960年至1965年，美军特种部队知悉了他们的新角色，并发展出了适应这种角色的技战术。越南的情况不同寻常，超出了美军既有的经验，所以必须使用试错法。慢慢地，发展出了一套可以应用这种独特需求的知识体系。特种部队的一个关键

▲ 顾问
1名美军特种部队顾问陪同2名南越非正规武装人员。他装备了1支柯尔特"突击队员"冲锋枪，该武器主要配发给美军特种部队[1]。

角色是，通过协助当地社区自卫来减轻越共的影响力。该组织被统称为民众非正规自卫团（CIDG），特种部队士兵训练当地民兵使用武器和运用小组战术，并赋予他们公然

▲ 黑克勒&科赫HK33突击步枪
1968年1月配属于通平（Thong Binh）的美军第5特种作战群

美军特种部队也采用少量HK33突击步枪，特别是美国海军海豹突击队。该枪在恶劣条件下的精度和可靠性受到了使用者的好评。

技术参数

制造国：联邦德国	枪口初速：880米/秒
年份：1968	（2887英尺/秒）
口径：7.62毫米（0.3英寸）北约制式弹药	供弹方式：20发弹匣
动作方式：半自由枪机式	射程：500米（1640英尺）以上
重量：4.4千克（9.7磅）	全长：940毫米（37英寸）
枪管长：332毫米（13.1英寸）	

① 顾问拿的这把应是CAR-15突击型，即XM177冲锋枪。

反抗越共的信心。民众非正规自卫团基本上是成功的，其成员能够承担起当地的防卫职责，积极地与发现的越共进行战斗。

特种部队人员也参与了较正规的行动，譬如长途侦察、情报收集、伏击、营救被俘或被切断联系的人员等。执行这些任务时，他们有一系列的武器可供选择。他们通常选择火力强的武器——可以使人数明显处于劣势的特种部队在接触战中抵消敌军的优势。

特种部队作战单位广泛运用了制式武器

的消声版本——它们消灭哨兵或孤立人员时不会惊动其同伴。轻便趁手的武器，如各种冲锋枪或CAR-15突击型——M16步枪的缩短版[2]——也很受欢迎。每次任务需要的武器都会不同，因此无制式配发武器一说。

很多武器都做了"消毒处理"，也就是说，它们的序列号被抹掉，以防泄露事件中有关人员的身份。有些特种部队甚至偏好敌军装备，这样在长时间任务中容易得到弹药补充。

▲ **英格拉姆MAC10冲锋枪**
1971年配属于驻老挝的中央情报局职员

MAC10冲锋枪的小尺寸及其可加装消声器的能力，使它成了侦察兵的理想武器，因为即便侦察兵与敌人交火时占了上风，他们的任务也有可能失败。

技术参数

制造国：美国	全长：548毫米（21.57英寸）
年份：1970	枪管长：146毫米
口径：11.4毫米（0.45英寸）/0.45英寸柯尔特自动手枪	（5.75英寸）
弹；9毫米(0.35英寸)派拉贝鲁姆手枪弹	枪口初速：366米/秒（1200英尺/秒）
动作方式：自由枪机式	供弹方式：30、32发弹匣
重量：2.84千克（6.25磅）	射程：70米（230英尺）

▲ **CAR-15突击型**
1970年3月配属于在湄公河三角洲的美国海军海豹突击队

美国海军的海-空-陆（海豹）小组越战期间在越南都很活跃，尤其是阻止敌军利用水路进行物流运输和调动部队的行动。

技术参数

制造国：美国	枪口初速：796米/秒
年份：1967	（2611英尺/秒）
口径：5.56毫米（0.219英寸）	供弹方式：30发弹匣[3]
北约制式弹药	射程：400米（1312英尺）
动作方式：导气式	全长：780毫米（30.7英寸）
枪管长：290毫米（11.5英寸）	重量：2.44千克（5.38磅）

---

② 严格说来是AR-15步枪的缩短版。
③ 图中是20发。在越战中，只有少量这种枪配了30发弹匣，大部分是20发弹匣。

斯通纳武器系统 1963—1967

斯通纳武器系统是围绕通用机匣设计的，它可以被当成步枪、卡宾枪或轻机枪。

尤金·斯通纳设计了AR-15步枪和其他一些武器，AR-15在美军现役中演变成了M16。他对"斯通纳武器系统"的设想是，通过在通用机匣上加装不同的枪管、供弹具和枪托，创造一种可快速改装的武器，以满足不断变化的需求。

评估

用7.62×51毫米口径做试验后，斯通纳决心采用5.56×45毫米口径为军队研制出一种原型。其样品随着特种部队和某些美国海军陆战队作战单位被部署到了越南。在越南，这种武器被发现使用复杂、维护困难，

虽然如此，仍有少量被美国海军海豹突击队使用了几年。

斯通纳机匣能由20或30发容弹量的盒式弹匣供弹，也能由100发容弹量的弹鼓或150发长度的弹链供弹。弹链可被放置在盒中或弹鼓中，这使该武器可被当作一支能携带巨大弹药的突击步枪。弹鼓式供弹具在美军特种部队中最为流行，很大程度上就是出于这个原因。

枪管被设计为可快速更换，使得已经发烫的枪管在持续使用时能被快速换掉。该枪担负轻机枪角色时，经常使用可拆卸的两脚架或三脚机枪座。

▲ **架设在三脚机枪座上的M63机枪**
美国海军海豹突击队（地点未知）

若被架设在三脚架上，斯通纳M63机枪能提供防卫一处基地或设施的持续火力。然而，它仍旧更接近轻机枪而非通用机枪。

技术参数	
制造国：美国	枪管长：标准型508毫米
年份：1963	（20英寸）、短小型399毫米
口径：5.56毫米（0.219英寸）	（15.7英寸）
动作方式：导气式，气冷	枪口初速：1000米/秒
重量：5.3千克（11.68磅）	（3280英尺/秒）
全长：使用标准枪管时为1022	供弹方式：150发可散弹链
毫米（40.25英寸）	及弹箱
射程：1000米（3280英尺）	射速：700—1000发/分钟

不同构型

斯通纳武器可加装固定枪托或折叠枪托，以及不同长度的枪管，也能根据作战角色设定闭膛待击或开膛待击。短枪管、折叠枪托的卡宾版因为各种原因而没能流行起来。显然，对卡宾枪这类武器来说它太重了。其突击步枪版本并不比卡宾枪版好，也是这个原因。

作为一款轻机枪，斯通纳武器系统谈不上有多成功。美国特种部队喜欢这种轻机枪，尤其是"突击队员"型——一种弹鼓供弹式轻机枪，轻到可作为步枪使用。

▲ M63突击步枪
1967年配属于海军陆战队第1师第1团（地点未知）

1967年，美国海军陆战队作战单位试用了斯通纳武器系统的步枪，但并不推荐将其作为现役制式装备。

技术参数	
制造国：美国	枪口初速：3250英尺/秒
年份：1963	（991米/秒）
口径：5.56毫米（0.219英寸）	供弹方式：30发弹匣
动作方式：导气式，	射程：200—1000
枪机回转闭锁	（656—3280英尺）
重量：5.3千克（10.19磅）	全长：1022毫米
枪管长：508毫米（20英寸）	（40.25英寸）

技术参数	
制造国：美国	枪管长：标准型508毫（20英寸）、短小型399毫米（15.7英寸）
年份：1963	
口径：5.56毫米（0.219英寸）	
动作方式：导气式，气冷	供弹方式：150发可散弹链及弹箱
重量：5.3千克（11.68磅）	
射程：1000米（3280英尺）	全长：使用标准枪管时为1022毫米（40.25英寸）
枪口初速：1000米/秒（3280英尺/秒）	

▲ M63轻机枪
美国海军海豹突击队（地点未知）

有些美国海军海豹突击队小组使用轻机枪型，其主要优点是，作为一款不比制式突击步枪重多少的武器，它能携带大量弹药。

越南共和国陆军部队 1959—1975

越南共和国陆军（ARVN）是在美国的协助下创立的，也是遵循美式教条武装起来的。

印度支那战争结束后，有必要帮助南越创立一支能够对抗北方共产主义威胁的军队。基于最近的朝鲜战争，美国战略家形成了派美国顾问来训练这支新部队的想法，并决定了这种训练应采取什么形式。

在朝鲜，威胁在于步兵和坦克可能发动的大规模常规战。美国和其他国家基于二战经验部署的常规战部队，在应对这种威胁时被证明是有效的，那么，遵循这些教条来建立南越陆军就是合乎逻辑的事了。

这种政策最终被证明是个错误。南越陆军缺乏训练，也缺乏处理越共发动大规模革命的信心。南越陆军可能处理过常规

▲ **"汤米枪"**
美国陆军特派顾问指导南越民兵使用汤普森冲锋枪。"汤米枪"被南越军队和安全部队广泛使用。

▲ **M14A1班组支援武器**
1972年4月配属于驻安禄的南越陆军第25师第50步兵团

M14作为一款自动步枪不算很成功，很多M14改动握把和枪托后成了班组支援武器。弹匣供弹及无法快速更换枪管限制了其火力持续性。

技术参数

制造国：美国	枪管长：558毫米（22英寸）
年份：1963	枪口初速：595米/秒
口径：7.62毫米（0.3英寸）	（1950英尺/秒）
北约制式弹药	供弹方式：20发弹匣
动作方式：导气式	射程：800米（2625英尺）
重量：3.88千克	以上
（8.55磅）	全长：1117毫米（44英寸）

的入侵，但是，正如美军撤离事件所显示的那样，1959年它就被北越部队压倒过，1975年，这种事再次上演。

进口武器

南越陆军作战单位的武器并无不妥。大部分武器也许过时了，如汤普森冲锋枪，但它们仍旧有用。事实上，由于M3"黄油枪"数量少，汤普森冲锋枪仍被配发给某些美军部队。

南越陆军的大量装备是用美元从海外购买的，譬如丹麦产麦德森冲锋枪。其他遭美军淘汰的武器也被移交给了南越陆军。随着M16步枪取代M14步枪，大量M14步枪开始用作他用途。有些M14（半自动和全自动构造）到了南越陆军手中，其他的则被改装成

▲ **汤普森M1928**
1972年4月配属于驻安禄的南越陆军第25师25侦察营

虽然汤普森冲锋枪的射程有限，但它的可靠性和良好的停止作用使它在侦察部队和先头部队很流行，这些人面对遭遇战或伏击时可能必须做出回应。

技术参数	
制造国：美国	枪口初速：280米/秒
年份：1928	（920英尺/秒）
口径：11.4毫米（0.45英寸）	供弹方式：18、20或30
使用M1911手枪弹	发弹匣
动作方式：半自由枪机式	射程：120米（394英尺）
重量：4.88千克（10.75磅）	全长：857毫米
枪管长：266毫米（10.5英寸）	（33.75英寸）

技术参数	
制造国：丹麦	枪口初速：380米/秒
年份：1950	（1274英尺/秒）
口径：9毫米（0.35英寸）	射程：150米（492英尺）
派拉贝鲁姆手枪弹	以上
动作方式：自由枪机式	全长：枪托展开时800毫米
重量：3.17千克（6.99磅）	（31.5英寸）、枪托折叠时
枪管长：197毫米（7.75英寸）	530毫米（20.85英寸）
供弹方式：32发弹匣	

▲ **麦德森M50**
1968年2月配属于进攻顺化的南越第1空降兵特遣队

麦德森M50有一处不同寻常的特点——弹匣座后方有一个保险握片，起前握柄的作用。如果没有被两只手安全地持握，该枪就不能开火。

班组支援武器M14A1。尽管不是班组支援的理想武器，M14A1还是提供了合理的班级自动火力支援。

总的来说，南越陆军部队的装备在某种程度上不如美军部队，但这种差距并没有他们与北越军和越共部队之间的差距那么大。事实上，共产党部队往往使用与南越军同样的武器（自制版本）。

限制南越陆军有效性的原因是战略上的，他们没有认清将要进行的这场战争的本质，此外，他们也缺乏训练和精明的领导。不管怎样，南越陆军能够，也曾在适当的环境中打过漂亮仗。

▲ 武器使用训练

一名美军顾问正在训练南越陆军如何使用迫击炮。虽然图上有一人拿着一支汤普森冲锋枪，但大多数南越陆军士兵装备的是M1卡宾枪。

技术参数	
制造国：美国	枪管长：610毫米（24英寸）
年份：1918	枪口初速：850米/秒
口径：7.62毫米（0.3英寸）	（2800英尺/秒）
动作方式：水冷，枪管短后坐式	供弹方式：弹链供弹
枪身重量：15千克（32.75磅）	射速：600发/分钟
全长：980毫米	射程：2000米
（38.5英寸）	（3280英尺）以上

▼ 勃朗宁M1917
1963年1月配属于位于北邑的第7步兵师第11步兵团

水冷M1917式机枪是极成功的M1919型的前身，它在防御战中较为有用。该枪笨重且庞大，其水冷套管需要持续供水。

澳大利亚/新西兰军 1962—1973

澳大利亚和新西兰都在越南部署了大量部队，结果两国都遭到了反战抗议。

由于忧虑共产主义在邻近的东南亚崛起，自1962年起，澳大利亚就开始向南越派出军事顾问。新西兰也派出了军事人员，但这些人只对民用建筑和医疗项目提供协助。自1965年起，新西兰所作的贡献包括以步兵和炮兵形式提供的作战部队，这些人被整合进联合"澳新军团"（ANZAC）。

澳大利亚的贡献相对较大，他们设立了一支多兵种部队。这支部队起初是用来协助美军的，随后开始在他们负责的防区展开行动。澳大利亚作战部队包括特种兵、坦克以及战术空中支援分队。

澳新军团被证明是一群优秀的丛林战士，他们借鉴了在二战、马来亚紧急状态和印尼获得的经验。他们能胜任小范围巡逻和大规模战斗，保卫基地时也能承受得住大伤亡。1968年，澳新军团参加了抵御春节攻势的行动，很多部队被部署在封锁或伏击阵地，以防止北越军的渗透。

封锁及搜查行动

澳新军团参加的最为常见的行动，就是英军对革命分子采取的封锁及搜查行动。为了系统地寻找革命分子和武器藏匿点，一块地区会被封锁。封锁部队会处理那些试图从包围圈中逃跑的人。虽然这些行动缓慢且需要大量人力，但它们成功地减少了革命分子对乡村地区的控制。

封锁及搜查行动、丛林巡逻，要求好的领导、技战术和耐心。澳新军团的行动往往非常讲究方法，这降低了遭到伏击的风险，但也招来了偏好使用火力将敌人从藏身之处赶出来的美军指挥官的批评。

虽然澳新军团分遣队拥有装甲、空中和炮火支援，但作战行动的主力是步兵班。美军的策略是，只要有可能，就会要求空中和炮兵支援以便对敌军造成伤亡。澳新军团偏好使用小规模作战单位战术，并与正在撤退中的敌军保持接触。小规模作战单位被用来定位和追踪敌人，大部队随后赶来攻击。

炮击或空中轰炸将迫使地面友军部队停在危险区外，并脱离敌军。通过依赖他们的班组武器，澳新军团的步兵能继续近距离追逐游击队员，并抵消游击队的主要优势——快速消失的能力。

澳大利亚和新西兰部队使用的主要步兵

▲ **反游击行动**
装备着可信赖的L1A1 SLR步枪，澳大利亚部队在越南某地与共产党部队交火。

武器是FN FAL/L1A1步枪[1]，采用7.62×51毫米弹药。尽管其远距离上的精度或多或少在丛林遭遇战中被浪费了，对那些强调单兵枪法而非压制性火力的部队来说，它仍是一种有效的武器。为得到近距离的重火力，澳大利亚部队更偏爱他们本国产的F1冲锋枪。虽然F1的顶置式装弹设计很奇怪，但它仍被证明可靠且易于持握，比同时代的许多其他冲锋枪故障率更低。

总的来说，澳新军团小范围参与了越战，他们与游击队使用相似的战术，而且，革命分子畏惧他们。然而，日益高涨的反战情绪，以及1968年后对美国向越南作出的承诺缺乏信心，使得澳新军团对越的投入逐渐减少，最终于1973年完全撤离。

技术参数	
制造国：比利时	枪口初速：853米/秒
年份：1954	（2800英尺/秒）
口径：7.62毫米（0.3英寸）	供弹方式：20发弹匣
使用北约制式弹药	射程：800米（2625英尺）
动作方式：导气式，自动装填	以上
重量：4.31千克（9.5磅）	全长：1053毫米
枪管长：533毫米（21英寸）	（41.46英寸）

▲ **FN FAL/L1A1自动步枪**
1966年8月配属于参加隆新战斗[2]的第1澳大利亚特遣队第6营皇家澳大利亚团

使用7.62×51毫米子弹的L1A1（比利时FN FAL步枪的英国和澳大利亚版）最适于合在开阔地带展开的中远程行动，在那里，使用者的枪法是大优势。在近距离上，它被AK-47之类的突击步枪压制。

技术参数	
制造国：澳大利亚	枪管长：203毫米（8英寸）
年份：1963	枪口初速：365米/秒
口径：9毫米（0.35英寸）	（1200英尺/秒）
动作方式：自由枪机式	供弹方式：34发弹匣
重量：3.26千克（7.1磅）	射程：100—200米
全长：715毫米（28.1英寸）	（328—656英尺）

▶ **F1冲锋枪**
1965年11月配属于参与岗台战斗的第173空降旅（美）第1皇家澳大利亚团

澳大利亚部队偏爱的F1冲锋枪，使用一种便于选择射击模式的快慢机——轻扣扳机时可单发射击，将扳机扣到底时可自动射击。

---

① FAL是法语Fusil Aotomatique Légère的首字母缩写，意为轻型自动步枪，一般使用缩写。
② 该战役发生地为越南南方巴地-头顿省坦赭县隆新村一处橡胶林。

技术参数

制造国：英国	枪口初速：300米/秒
年份：1967	（984英尺/秒）
口径：9毫米（0.35英寸）	供弹方式：34发弹匣
派拉贝鲁姆手枪弹	射程：120米（394英尺）
动作方式：自由枪机式	以上
重量：3.6千克（7.94磅）	全长：枪托展开时864毫米
枪管长：198毫米	（34英寸）、枪托折叠
（7.8英寸）	时 660毫米(26英寸)

▲ **L34A1斯特林微声冲锋枪**
1967年8月配属于参加混溪州战斗的第1澳大利亚特遣队特别空勤团

在侦察巡逻和秘密行动中，澳大利亚特别空勤团广泛使用了冲压制造的斯特林L34A1微声冲锋枪。

北越陆军 1959—1975

北越陆军和越共是相互独立的两支部队，他们以不同的方式为了同一个政治目标而奋斗。

北越军队是一支常规武装的军队，能够在战场上执行大规模的行动。虽然它完全有能力采取小规模的游击战，其主要目标仍与其他任何一支常备军相同——击败敌军主力部队并攻占其基地。

另一方面，越共是一支不适合大规模正规战的游击部队。他们装备着各种武器，而且经常毫无支援武器。越共很适于控制乡村。作战单位无需补给，食物、衣服和弹药就是他们所需的全部，而且大部分这类东西都能从村民那里要来或从敌军伤亡人员那里搜来。

武器

北越陆军和越共部队从先前的抗法战争中得到了大量武器。并得到了苏联和中国提供的苏式武器或苏式武器仿制品的加强。越共有时也使用北越陆军步兵剩下的武器，所以配发的武器五花八门，包括老旧但有用的武器，如中国仿造的毛瑟C96手枪和其他欧洲的武器。此外，早期的冲突中也使用过几乎完全相同的仿制武器。

普通的北越陆军尽可能使用最好的武器。这些武器包括苏制的AK-47和中国产的56式突击步枪，56式突击步枪是AK-47步枪的仿品。虽然缺乏西方步枪在远距离上的精度，AK-47却坚固耐用、易于维护，而且在丛林条件下也很可靠。AK-47步枪30发容弹量的弹匣和强有力的弹药使它具有比美制M14步枪更强也更易于控制的火力。而M16（起码在开始时）不如落后的对手可靠。

越共的能力

虽然越共受支持的情况与南越政府的反革命措施能起多少作用有关，但它确实在很多地区都拥有广泛的支持。尽管真正的支持者远少于那些受其力量影响的人，并且随着越共在南方的力量变弱，它得到的支持也相应少了。

然而，虽然美国努力想切断补给的流入，越共还是得到了经由胡志明小道从老挝和柬埔寨来的援助。因此，越共的许多人装备着中国、苏联和朝鲜武器，其余的则使用他们从战场捡来的武器。

有些人装备的是非常陈旧的武器，但这并不等同于这些武器在战斗中没用。如同所有成功的游击队，越共也很擅长袭击后消失在农村或是藏身于普罗大众之中。在这种情况下，越共在某地的力量大小往往取决于当地民众向当局隐匿游击队员的意愿多寡。

战争早期，越共是共产主义者运用的主要媒介，直到1965年，他们成功到看上去有可能使南越崩溃。1964年，轻装的北越陆军人员预先偷越边境进入南越，一旦准备就

▶ 毛瑟C96手枪
1963年1月配属于参加北邑战斗的越共第514营

久负盛名的毛瑟C96的中国仿制品及成千上万因中国内战结束而可使用的其他武器，被提供给了越共战士。

技术参数

制造国：德国	枪口初速：305米/秒
年份：1896	（1000英尺/秒）
口径：7.63毫米（0.3英寸）	供弹方式：6或10发弹匣
动作方式：枪管短后坐式	射程：100米（328英尺）
重量：1.045千克（2.3磅）	全长：295毫米（11.6英寸）
枪管长：140毫米（5.51英寸）	

技术参数

制造国：苏联	枪口初速：600米/秒
年份：1959	（715米/秒）
口径：7.62毫米（0.3英寸）	供弹方式：30发弹匣
动作方式：导气式	射程：400米（1312英尺）
重量：3.1千克（6.83磅）	全长：880毫米(34.65英寸)
枪管长：415毫米（16.34英寸）	

▲ AKM突击步枪
1966年3月配属于参加阿筍谷战斗的北越陆军第325师

北越陆军用苏联提供的大量AKM步枪——AK-47改进后重命名的枪械，武装许多作战单位。AKM突击步枪于1959年进入苏联陆军现役部队服役，是AK系列枪械中最常见的改版。

绪，他们就能很快恢复秩序，并在得到统一的国家建立共产主义政权。

然而美军开始干预时，北越陆军发现自己已深入敌境，而不是认为自己胜利了。由于不能直接与美军面对面作战，很多作战单位被分散开以加强越共的力量。虽然在随后的冲突中北越陆军的伤亡很大，但并未超过北越人口出生率的一半，对北越的领导及民众来说，这是可以接受的。

北越陆军在非军事区遭遇美军主力部队，两军互相炮击并频繁生产摩擦。北越陆军也在老挝和柬埔寨行动，向南越发动攻击后撤回安全地带。与此同时，北越陆军其余各部则在北越自行展开防御行动。美军入侵北越的可能性一直没有被排除，因此，他们必须时刻做好应对的准备。

同时，越共对南越各处前哨据点发动了伏击和攻击。战术之一就是先攻击一处孤立的据点，再在救援部队可能出现的路上设下埋伏。然而，越共的角色主要是政治性的而不是军事性的。越共对美军造成的伤亡在类似于二战或朝鲜战争这样的大战中是可以接受的，但20世纪60年代中期，"想回家"的那种心情变了：即使是相对较低的伤亡也能引起消极情绪。越共不仅对敌方造成了持续伤亡，也耗尽了美军和南越的资源。桥梁、道路和城镇必须守卫；在很多地区，转运工作只有在武装护卫的情况下才能完成。炮兵火力基地持续受到袭扰，又消耗了更多的资源。越共还影响了乡村民众，这些民众对似乎不能保护他们的南越政府失去了信任。

到1968年，冲突似乎有了一种固定的模式。北越陆军束缚了大量的美军的同时，越共也减弱了美国和南越政府支持战争的政治决心。南越的任何地方都可能受到游击队的袭击，北越陆军又能够从老挝或柬埔寨边境深入南越境内发动大规模攻势。尽管如此，美军有理由相信自己正在赢得战争。伤亡统计表及每场针对北越陆军的主要战役，都显示美军获得了胜利。

技术参数

制造国：中国	供弹方式：30发弹匣
年份：1956	枪口初速：600米/秒
口径：7.62毫米（0.3英寸）	（1969英尺/秒）
动作方式：导气式	射程：400米（1312英尺）
重量：4.3千克（9.48磅）	全长：880毫米
枪管长：415毫米（16.34英寸）	（34.65英寸）
供弹方式：30发弹匣	

▲ **中国产56式突击步枪**
1975年3月配属于进攻顺化的北越陆军第2军第304师

中国提供给北越部队的56式突击步枪是AK-47的仿制品，但它与AK-47可以通过56式突击步枪的可折叠刺刀来区分，尽管并非所有的56式步枪都有这一特点。

春节攻势

1968年1月，北越发动了后来被称为"春节攻势"的行动，因为事件发生时，越南正值春节。北越陆军和越共就攻击行动协调一致，越共投入全部力量。南越超过50处省城、前哨据点、基地和城镇遭到袭击。

春节攻势对北越来说是一场失败。将北越陆军从顺化古城中清理出去花了一个月，但其他多数目标不是防守成功，就是数日内被扫荡干净。越共遭受了如此沉重的打击，以至于春节攻势后就不再扮演重要角色了。

与春节攻势相关联的是围困溪山，溪山是美军靠近北越边境的主要基地。虽然担心"北越可能成功将溪山变成又一个奠边府"，该基地却从未遭到过严重威胁。春节攻势的失败让围困溪山变得不再重要，经过激烈的战斗后，围困被取消。

对溪山的攻击属于有炮火支援的步兵突击，由正规军执行。虽然有些突击成功了，但溪山基地里的美军还是守住了自己的防线，在陆地和空中机动部队的帮助下，局势最终好转。春节攻势后，越共残破不堪，北越陆军则继续战斗。北越试图在南方掀起一场游击战，但并不怎么成功，美军和南越渐渐占了上风。然而，春节攻势动摇了美国赢得越战的信心，并导致了空前的反战浪潮。对于北越来说，尽管春节攻势在军事上失败了，但在政治上成功了。

重新武装

1972年，正当美军尝试增强南越的力量以便自己能摆脱这场战争时，北越尝试发动另一场重大攻势。用苏联提供的武器重新武装起来的北越陆军，能够在野战中部署130

◀ **图拉－托卡列夫TT-33手枪**
1965年1月配属于在湄公河三角洲活动的越共第186营

苏联提供的托卡列夫手枪发射低威力的子弹，但在战斗中很可靠。它主要用来恐吓或秘密袭击，而不是战斗。

技术参数

制造国：苏联	枪口初速：415米/秒
年份：1933	（1362英尺/秒）
口径：7.62毫米（0.3英寸）	供弹方式：8发弹匣
动作方式：枪管短后坐式	射程：30米（98英尺）
重量：0.83千克（1.83磅）	全长：194毫米（7.6英寸）
枪管长：116毫米（4.57英寸）	

▲ **西蒙诺夫SKS半自动步枪**
1966年8月配属于参加隆新战役的越共第275团

采用内置式10发容弹量弹仓供弹的SKS半自动步枪属于前一代的步枪，但对隐蔽的游击队射手来说，它仍很有用。

技术参数

制造国：中国/苏联	枪管长：521毫米(20.5英寸)
年份：1945	枪口初速：735米/秒
口径：7.62毫米（0.3英寸）	（2411英尺/秒）
动作方式：活塞短行程导气式	供弹方式：10发弹匣
重量：3.85千克（8.49磅）	射程：400米（1312英尺）
全长：1021毫米（40.2英寸）	

毫米（5.1英寸）火炮和T54坦克。轻武器有苏联的AK-47和中国的56式突击步枪。尽管有些作战单位仍必须使用他们搜罗来的武器，但从整体上看，北越陆军被装备成了一支现代作战部队，能与美式装备的南越陆军抗衡。

北越陆军通过老挝、跨过非军事区挺进南越北部的同时，其他部队则从柬埔寨的基地出发向西贡前进。这次攻势起初是成功的，在常规战中击败了很多南越陆军编队，但是，在强劲的抵抗和美军的空中支援面前，北越陆军变得停滞不前。因后勤运输困难及缺乏在大范围机动作战中协调武器的经验，北越陆军遇到了很多麻烦。经过多年损失轻微的游击战后，北越陆军现在却开始正面突击设防阵地，因此遭到不小的损失。

1972年春季攻势的崩溃如此具有决定意义，以至于北越陆军急切地需要时间改编及加强遭到削弱的作战单位。他们利用和谈拖延时间、阻止南越陆军的反击，在接下来的几个月里，北越陆军重建起自己的力量。

美军撤离

南越的美国部队逐渐减少，最后一支地

▲ **StG44突击步枪**
1962年4月配属于在湄公河三角洲活动的越共非正规人员

StG44是世界上第一种真正的突击步枪。这些枪械经苏联转到了越共手中，苏联在二战末期入侵德国时缴获了大量StG44。

技术参数

制造国：德国	枪管长：418毫米
年份：1944	（16.5英寸）
口径：7.92毫米（0.312英寸）	枪口初速：700米/秒
短弹[1]	（2300英尺/秒）
动作方式：导气式	射程：约400米（1312英尺）
重量：5.1千克（11.24磅）	全长：940毫米（37英寸）
供弹方式：30发弹匣	

▲ **RPD轻机枪**
1968年1月配属于参加溪山战役的北越陆军第304师第66团

苏联提供的RPD轻机枪其实是一种拉长的卡拉什尼科夫步枪，采用100发置于弹鼓中的弹链供弹，它用步枪子弹提供了强大的班级火力。

技术参数

制造国：苏联	枪管长：520毫米(20.5英寸)
年份：1962	枪口初速：735米/秒
口径：7.62毫米（0.3英寸）	（2410英尺/秒）
动作方式：导气式，气冷式	供弹方式：100发弹链供
重量：7千克（15.43磅）	射速：700发/分钟
全长：1041毫米（41英寸）	射程：900米（2953英尺）

---

[1] 7.92×33毫米子弹比7.92×57毫米毛瑟子弹要短，故名。

面部队于1973年撤离。尽管美军撤离后，北越陆军不断袭击，但局面对南越来说，大体还是正面的——与对手相比，南越陆军拥有数量上的优势，他们的炮兵和车辆装备也很好。然而，北越陆军吸取了1972年灾难性进攻的教训，大规模重新武装。到1974年初，

北越军队的数量再一次超过南越，尤其是美军从南越撤退后。由于不再担心美军可能入侵，北越军队能够将其全部力量投入到一场新攻势，并能够集中攻击他们选择的地点。除南越的东部边界可以攻击外，北方沿着非军事区的路线也可以。

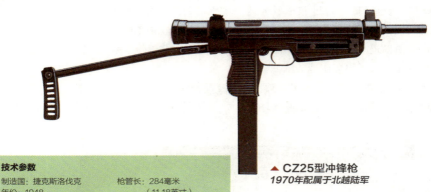

技术参数

制造国：捷克斯洛伐克	枪管长：284毫米
年份：1948	（11.18英寸）
口径：7.62毫米（0.3英寸）、	枪口初速：380米/秒
9毫米（0.35英寸）	（1247英尺/秒）
动作方式：自由枪机式	供弹方式：24或40发弹匣
重量：3.27千克（7.20磅）	射程：100—200米
全长：686毫米（27英寸）	（328—656英尺）

▲ **CZ25型冲锋枪**
1970年配属于北越陆军

CZ25型冲锋枪是1948年引进的捷克斯洛伐克设计的系列冲锋枪中最出名的一种。CZ25于1968年退役后，这种9毫米（0.35英寸）口径武器在全世界都有销售。多余的武器被出口至其他共产主义国家，其中包括了北越。

技术参数

制造国：苏联	枪管长：1066毫米（42英寸）
年份：1938	枪口初速：850米/秒
口径：12.7毫米（0.5英寸）	（2788英尺/秒）
动作方式：导气式，气冷式	供弹方式：50发弹链
重量：35.5千克（78.5磅）	射速：550发/分钟
全长：1586毫米	射程：2000米（6560英尺）
（62.5英寸）	以上

▲ **捷格加廖夫重机枪**
1968年1月配属于进攻老村的北越陆军第304师第24团

捷格加廖夫机枪被用来支援步兵，也被当作一种防空武器。北越陆军的某些该机枪来自苏联，其他的则是中国仿制品。

阿富汗 1979—1989

苏联在阿富汗的干涉行动导致了一场持久的战争，它被称为"苏联的越南"。

俄国以及随后的苏联对阿富汗的兴趣为时甚久，可以追溯到19世纪中叶。20世纪50年代，阿富汗向美国和苏联都请求过财政援助，这种请求因政治原因得到了批准。几年来，阿富汗从美苏争霸中得到不少好处，但美国在20世纪60年代缩减了援助。虽然阿富汗表面上还是个独立国家，但其实深受苏联的影响，而且依赖莫斯科的财政援助。

1973年，动荡的阿富汗闹了一场革命，1978年，又发生了一场反革命。新政府在苏联的协助下推行了很多改革，引起阿富汗很多守旧派分子的恐慌。革命随即而来，从库纳尔省扩散到阿富汗其他省。

对此，苏联感到担心，于是向阿富汗陆军提供了现代武器和提高军队训练水平需要的顾问。此外，苏联还建议阿富汗政府减缓改革步伐，与革命分子展开谈判，这些引起阿富汗政府分裂，并引发了一次未遂政变。

随着事情超出掌控，苏联不情愿地决定全面干涉——援助阿富汗政府，而不是侵略阿富汗。但这还是引起了国际制裁和阿富汗革命分子的激烈反抗。

随着顾问到位，收集情报对苏联部队来说不成问题，但是执行任务的作战单位整体上没有经验。很多部队由预备役人员构成，他们是因这次行动才被动员起来的。但有些精锐部队也被卷入这场战争，譬如守卫住巴格拉姆空军基地以便增援部队可直接飞抵阿富汗的近卫空降师。

由于受到了欺骗，阿富汗的反应有些失控。很多部队被顾问告知——他们的车辆将被升级或替换，由此，这些车辆被维护人员排除出了现役[1]。在巴格拉姆，人们预料到苏军会来。这些苏军大概是来帮忙稳定局势的——至少有这个目的。苏军在阿富汗站稳脚跟后，阿富汗大量军队被解除武装或被解散。被解散的这些部队中有很大一部分加入了革命分子——真正的斗争开始了。

▶ **马卡洛夫PM手枪**
1979年配属于阿富汗陆军的苏联顾问

苏军的制式手枪马卡洛夫（PM）手枪发射9×18毫米子弹，这种子弹与世界上的其他9毫米口径武器不兼容。

技术参数	
制造国：苏联	枪管长：91毫米（3.5英寸）
年份：1951	枪口初速：315米/秒
口径：9毫米（0.35英寸）使用	（1033英尺/秒）
马卡洛夫手枪弹	供弹方式：8发弹匣
动作方式：自由枪机式	射程：40米（131英尺）
重量：0.66千克（1.46磅）	全长：160毫米（6.3英寸）

---

[1] 当时主要是以维护检查的名义把坦克拆解。

苏联部队 1979—1989

苏军在阿富汗战争中装备着相当好的武器，尽管如此，如事情表明的那样，这并不能弥补贫乏的训练。

进入阿富汗的苏联陆军是由冷战的需要，苏联及华约盟友独特的环境下形成的。由于可使用不计其数的人力，苏联依赖预备役部队（需要时可满员）支持的短期服役的应征部队。因此，训练水平不高、战术简单。苏联部署了大量军队，意味着装备的成本非常重要。武器必须简单、结实，很难被士兵弄坏，以便能在相对无经验的应征兵手中幸存下来。这并没有使苏联武器不起作用，在有些情况下，大批适合的武器比小批先进的武器有用得多。

苏军使用的制式步枪是AK-74，其首要特点是易于使用和维护，还特别经得起滥用。该枪由AK-47的改良版AKM发展而来，基本结构相同。不过，AK-74发射较轻的5.45×39毫米子弹，因此后坐力要小些。

射程界限

和所有的突击步枪一样，AK-74主要被设计用来进行200—300米（656—984英尺）距离或更近距离内的战斗，它在远距离上的精度不如M16步枪。在阿富汗，这些特点可能会限制它，那里的战斗距离往往是数百米；但是无论如何，普通动员兵都缺乏在如此距离上进行有效射击的枪法。AK-74的优点是，在中等距离上能输出强大的压制性火力，这很适合苏联的战斗方式。

在某种程度上，AK-74有限的有效射程被苏军每个排里装备着德拉古诺夫SVD狙击步枪的神射手抵消了。这些神射手并不完全是狙击手，他们的角色其实是步兵排或班里的精确射手。其他人输出压制性火力时，神射手负责打死像军官和无线电员这样的高价

▲ **卡拉什尼科夫AK-74突击步枪**
1979年1月配属于进攻坎大哈的苏军第40集团军第5近卫师[1]

AK-74小口径突击步枪使用一种比AK-47所用子弹更轻的子弹。这种子弹降低了该枪的可感后坐力，并使该枪在全自动和半自动射击模式下都易于控制。

技术参数

制造国：苏联	枪管长：400毫米（15.8英寸）
年份：1974	枪口初速：900米/秒
口径：5.45毫米（0.215英寸）	（2952英尺/秒）
使用M74子弹	供弹方式：30发弹匣
动作方式：导气式	射程：300米（984英尺）
重量：3.6千克（7.94磅）	全长：943毫米（37.1英寸）

---

① 一般称为第5近卫摩托化步兵师。

值目标。在阿富汗，他们的目标则变成远处的敌人或是难以被打到的敌人，比如在伏击中躲在岩石后面的敌军步枪手。

火力支援

火力支援是由RPK-74和PKM机枪提供的，二者的角色有些细微的差别。RPK-74机枪其实是个有大容量弹匣和重型枪管的AK-74，重型枪管的目的是为了散热。对于班组一级的轻型支援来说，它是有效的，但它并不能像真正的机枪那样开火，这是由于其弹药携带量有限和容易过热。但它比真正的机枪更轻也更有机动性，在阿富汗山区的崎岖地形中行动时是一种有用的武器。

PKM机枪是一种真正的机枪，能够持续射击。它的各种版本被用于步兵支援和加装在装甲车上。苏联陆军所使用的BMP步兵战车一般都通过车载枪架加装了PKM机枪，可以在步兵下车时提供支援。

有些苏军作战单位配发了AKS-74步枪——加装了折叠式枪托的标准型AK-74。这对经常上下车辆的部队来说很有用，但在其他方面与标准步兵步枪很相似。AKS-74U加装了折叠式枪托，是缩短的AK-74的卡宾枪版本，主要由空降部队和特种部队使用，也被配发给车组乘员和炮兵。

非常规的敌军

进入阿富汗的苏军非常适应有明确敌人的传统常规战——这是他们首先遇到的情况。部分阿富汗陆军试图抗议苏军的干涉，但正面作战时，因苏军拥有优秀的空军和炮兵支援，他们远逊于苏军。发生在城市中心的民众暴动镇压起来也相对容易。

因此，苏军发现，占领阿富汗城市及保证城市安全相对容易，偏远地区则成问题。

红军摩托化步兵连的指挥部装备	
人员	装备
连部	BMP
连长	PM（马卡洛夫手枪）
副指挥官/政委	马卡洛夫手枪
高级技师	马卡洛夫手枪
军士长	AK-74
BMP指挥员/机枪手	马卡洛夫手枪
BMP驾驶员/机械师	马卡洛夫手枪

红军摩托化步兵连的排级装备	
人员	装备
排部	3辆BMP
排长	马卡洛夫手枪
排副	AK-74

红军摩托化步兵连的班级装备	
人员	装备
班	BMP
班长/BMP指挥员	AK-74
助理班长/BMP机枪手	AK-74
BMP驾驶员/机械师	马卡洛夫手枪
机枪手	RPK-74
机枪手	RPK-74
投弹手	RPG-16/马卡洛夫手枪
高级步枪手	AK-74
步枪手/辅助投弹手	AK-74
步枪手	AK-74
除了上述所列武器外，每排都有1个班装备1支SVD狙击枪。	

全国大部分地区都不在政府控制范围内，苏联部队起初着重确保主要交通线。一旦立足，且当地有一个亲苏的阿富汗政府，他们就开始行动，打击叛乱分子或圣战者。

阿富汗政府在许多省的军事驻地实际处于被围困的状态，针对叛乱分子行动的主要目的就是打破封锁，或者至少把附近的叛乱分子赶走，以便政府机构能发挥其作用。这种战略在行动结束后一段时间内是成功的，但回基地后不久，政府又丢了大多数地区的控制权。

起初，苏军希望承担协助的角色，帮助阿富汗陆军清理叛乱分子。士气低落、大量叛逃和训练不足使阿富汗陆军不能胜任清理叛乱分子的角色，对此，苏军的策略并没帮上忙。苏军人员有专门的角色，如炮兵、装甲和空中支援，而大量的步兵作业及因此带来的伤亡则由阿富汗人承担。这种情形引起抵触情绪，并削弱了士气。

苏军不能依赖那些他们假意帮助的阿富汗人后，被迫自己展开行动。搜索和歼敌行动非常常见，这与美军在越南干的事不同。地面部队被用来定位叛乱团伙，随后由武装直升机和有装甲车支援的步兵来打击他们。

其他措施包括空袭那些被怀疑向圣战者提供支持的村庄，希望借此让叛乱分子失去一些行动基地。在某些地方，苏联特种部队执行的秘密行动和阿富汗间谍的渗透，某种程度上降低了圣战者的作战效率。

然而，圣战者仍能攻击公共设施——建筑、油管和加油站，此外，还刺杀政府要员、伏击苏军巡逻队或武装运输队。

阿富汗没有几条可供武装运输队通过的道路，这几条道路还穿插在到处都是绝佳伏击点的山区。阿富汗各部落都有抵抗外国入侵者的悠久传统，而且还时不时在前个世纪他们曾伏击过英军的地方伏击苏联武装运输队。袭击，有狙击手偶尔在路边的高山岩上射击，也有旨在全歼或部分歼灭武装护送运输队的全面进攻。随后，叛乱分子们撤回山区与苏军脱离接触。

对发生在山路的伏击的一种解决办法是：空中机动部队在武装运输队到达前占领制高点，运输队通过该处后，他们再前往下一处瞭望点。这种办法是极其费钱的，而且需要资源，但它的确有效。武装直升机也被用来对抗叛乱分子团伙，而且往往能成功分散攻击。

▲ **AKS-74突击步枪**
1979年4月配属于进攻昆都士省的苏联第40集团军第201摩托化步兵师

AKS-74突击步枪的枪托可折叠，这对使用摩托的部队来说很方便。枪托折叠状态下，在较合理的短距离内，射击可保证精度。

技术参数

制造国：苏联	枪口初速：900米/秒
年份：1974	（2952英尺/秒）
口径：5.45毫米（0.215英寸）	供弹方式：30发弹匣
使用M74子弹	射程：300米（984英尺）
动作方式：导气式	全长：枪托展开时943毫米
重量：3.6千克（7.94磅）	（37.1英寸）；枪托折叠时
枪管长：400毫米（15.8英寸）	时690毫米（27.2英寸）

直到1985年，苏联陆军仍试图引诱圣战者采取行动，好在野战中击败他们。如果能摧毁圣战者足够多的基地，他们就可能撤离某区域，政府就能接管该区域。如果能造成足够多的伤亡，叛乱分子也许会失去信心。然而，虽然行动取得了胜利，苏联陆军仍主要从事坚守阵地的事，而不是在与圣战者的战斗中取得真正进展。

大体上，苏军在对抗圣战者的战斗是有效的，而且能为某处要坚守的地点提供比叛乱分子多得多的人数。然而，苏军只能通过直接行动对某地进行控制。一旦苏军部队离开了，叛乱分子就从他们藏身的地方跑出来或者从其他地区回来。只有加强了阿富汗政府的控制力，叛乱分子才能被击败。

为了达到这一目的，苏军尝试依据苏式教条建立阿富汗陆军。得到现代武器并受过适当训练后，阿富汗陆军有可能接管与圣战者之间的战事。1985年后，苏联这么做更多地是为了结束对阿富汗的干涉，而不是为了赢得胜利。因为就伤亡、金钱和国际政治来说，继续干涉阿富汗的代价开始变得昂贵。

▲ AKS-74U突击步枪
1983年2月配属于驻拉赫曼省的苏联第40集团军第70独立摩托化步兵旅

第70摩托化步兵旅是专门为镇压革命活动而设立的，它将地面机动部队与空中突击编队结合起来。小巧的AKS-74U被大量下发给直升机机降部队。

技术参数	
制造国：苏联	重量：3.2千克（7磅）
年份：1974	枪口初速：900米/秒
口径：5.45毫米（0.215英寸）	（2952英尺/秒）
使用M74子弹	供弹方式：30发弹匣[1]
动作方式：导气式	射程：300米（984英尺）
枪管长：390毫米（15.3英寸）	全长：730毫米（28英寸）

技术参数	
制造国：苏联	枪口初速：828米/秒
年份：1963	（2720英尺/秒）
口径：7.62毫米（0.3英寸）	供弹方式：10发弹匣
动作方式：导气式	射程：1000米（3280英尺）
重量：4.31千克（9.5磅）	全长：1225毫米
枪管长：610毫米（24英寸）	（48.2英寸）

▲ 德拉古诺夫SVD狙击步枪
1989年3月配属于驻贾拉拉巴德的苏联第40集团军第108摩托化步兵旅

德拉古诺夫SVD狙击枪为步兵排提供了远距离火力，将排级单位的有效接战距离提高到大约600米（1970英尺）。它的使用者并非传统意义上的狙击手，而是普通步兵中的精确射手。

---

① 图上的是45发长弹匣。

▲ **PKM通用机枪**

1984年7月配属于在阿德拉斯坎的苏联第40集团军第5近卫摩托化步兵师第68独立工程营

PKM通用机枪是种能担当大任的机枪，它可用来支援步兵或在安全区域内创造出防御阵地。它采用25发弹链，几条这样的弹链接在一起，可以形成一条长弹链。

技术参数	
制造国：苏联	枪管长：658毫米(25.9英寸)
年份：1969	枪口初速：800米/秒
口径：7.62毫米（0.3英寸）使用M1943弹	（2600英尺/秒）
	供弹方式：弹链供弹
动作方式：导气式，气冷式	（置于盒中）
重量：9千克（19.84磅）	射速：710发/分钟
全长：1160毫米	射程：2000米
（45.67英寸）	（6560英尺）以上

苏联对阿富汗陆军的这项投资取得了部分成功，但阿富汗部队的逃亡率仍然很高。有时，这是一种预谋——叛乱分子为了得到训练、武器和政府何时会行动的信息，会加入政府的部队，随后逃回同伴那里。有时，他们能随身携带苏联提供的武器。

苏军恢复了在步兵行动中使用阿富汗部队的策略，苏军只起支援作用。此时，圣战者已经强大到能与政府军正面争夺地区的控制权，而不是像以前那样逃开。虽然阿富汗政府军取得了一些胜利，但这些胜利是以惨重伤亡为代价得来的。

尽管阿富汗陆军不够自信，且能力也不足以独自对付叛乱分子，苏军还是于1987年开始从阿富汗撤军——一方面，苏联要从不可能取胜且损失惨重的战况中脱身；另一方面，是出于政治原因。新领导人上台后，苏联试图与世界其他国家缓和关系，结束其在阿富汗充满争议的战争。

苏联对阿富汗的干涉走向末路，苏军为了确保补给线的安全，仅可进行自卫和有限的本地行动。1989年，苏军撤离阿富汗。与圣战者的谈判大体上是成功的，除潘杰希尔谷地发生了一次重大冲突外，大多数地区的撤离行动都很成功。苏军拒绝与敌军近距离接触，相反，他们用空军和炮兵远距离给敌人造成了伤亡。

苏军撤离后，阿富汗陆军放弃了圣战者强力控制着的几个地区，但他们在其他接触战中则取得了胜利。苏军撤离后的阿富汗局势并未立即得到改观。阿富汗仍旧依赖苏联的财政援助。苏联因经济困难减少了援助资金，于是，阿富汗政府不能继续供养军队。

早先支持政府的武装力量倒向圣战者，大大影响了阿富汗政府的命运。阿富汗政府崩溃并陷入派系内战。圣战者于1992年占领喀布尔，为争夺对这座城市的控制权发生了内战后，他们建立了阿富汗伊斯兰国。该政权于1996年被塔利班推翻，塔利班建立了阿富汗伊斯兰酋长国。

▲ 简装军队

1989年苏军撤离喀布尔期间，装备着各种型号苏制轻武器的阿富汗陆军士兵摆拍。

塔利班政府未受国际承认，还经常因不尊重人权遭到谴责。2001年，该政权被另一次入侵推翻。这时，苏联已不存在了，其后继国对阿富汗的事情毫无兴趣。

技术参数	
制造国：苏联	枪管长：658毫米(25.9英寸)
年份：1974	枪口初速：800米/秒
口径：5.45毫米（0.215英寸）	（2600英尺/秒）
使用M74弹	供弹方式：30或45发弹匣
动作方式：导气式，气冷式	射程：2000米（6560英尺）
重量：9千克	以上
（19.84磅）	全长：1160毫米(45.67英寸)

▲ RPK-74轻型支援武器

1984年1月配属于在塔哈尔省的苏联第40集团军第201摩托化步兵师第149摩托化步兵团

虽然可以在必要时使用AK-74突击步枪的30发弹匣，RPK轻型支援武器配发时仍附带了45发弹匣。其操作几乎与AK-74完全相同，这使任何班组成员都能在紧急情况下使用该枪。

▲ RPG-7D

1985年6月配属于参加瓦杜吉（Varduj）山谷的苏联第40集团军第860独立摩托化步兵团

RPG-7火箭筒本来是反装甲武器，但它可有效打击有山岩地形保护的敌方战斗人员。一枚近失弹可产生大量能造成二次杀伤的岩石碎片。

技术参数		
制造国：苏联	全长：950毫米（37.4英寸）	
年份：1961	枪口初速：115米/秒	
口径：40毫米（1.57英寸）	（377英尺/秒）	
动作方式：火箭助推	供弹方式：单发，前端装填	
重量：7千克（15磅）	射程：约920米（3018英尺）	

圣战者 1979—1989

圣战者是一些反对亲苏的阿富汗政府派系的联合，随着冲突的进行，他们变得越发有组织。

抵抗苏军的主要是些与地方军阀结盟的部落团体。这些部落一开始就是有战斗力的游击战士，他们吸取了历代祖先反抗外国人的经验。尽管圣战者没强大到可与苏军直接作战，也没能团结到可组成一支大部队，但他们每个团体都做了自己力所能及的事。他们有时也与其他团体联合行动。

这样一来，那些被阿富汗政府和苏联武装部队控制的地区变成了死海中的孤岛，甚至孤岛也不安全。圣战者们伏击落单或小股苏军士兵，并在城市展开破坏和反抗行动。

起初，圣战者们装备着他们在这场冲突发生之前能取得的任何武器。除了这些武器外，还有一大批轻武器，拥有武器对很多部落来说都是很平常的事情。圣战者也从阿富汗和苏军那里缴获或从军火库里偷了很多武器。这些武器一般是苏制武器（特别是AK-47）或使用同种弹药的中国仿制品。像毒刺防空导弹这样重型武器也通过美国中央情报局被提供给了圣战者。国外也提供了大量武器，美国提供了很多毒刺导弹，让圣战者能够还击苏军武装直升机和攻击运输机。这些东西经由巴基斯坦被送到圣战者手中。

有时，这种外部支援使圣战者具有了与敌方相当的火力。然而，圣战者基于单兵和小团体的战斗方法，很少有指挥官能一次性部署超过200—300的人。这种战术以伏击或打了就跑的突然袭击为主，避免进行苏军一定会赢的阵地战。

圣战者最喜爱的单兵武器是AK系列突击步枪。由于可靠和易于操作，AK-47和更现代化的AK-74突击步枪很受欢迎。其使用效率很大程度上取决于使用者，大多数圣战者很勇敢，但缺乏团体作战的战斗技巧。

老式的武器，譬如栓动步枪得到广泛使用。它们在那些隐藏在道路旁或前哨上方或石头后面的神枪手手中是非常致命的武器。圣战者常用的战术是，在夜间用狙击火力骚扰哨所，让哨所的部队不能休息。无从得知这是狙击手的单人行动，还是一支正等着被派出对付狙击手的巡逻队送上门的伏击部队。圣战者也拥有大量缴获的重型武器和机枪，但这些武器的使用受弹药的制约。即便圣战者更有组织，即便他们能部署大规模部队，他们本质上仍是民兵，而不是训练有素且有组织的军事力量。此外，他们也缺少使战斗的"牙齿"得到其他补给（除食品和轻武器弹药外）的后勤"尾巴"。因此，即便是缴获了阿富汗政府位于喀布尔的坦克和飞机，圣战者也没有改变游击队的本质特点。

▲ 短弹匣式李恩菲尔德（SMLE）NO.1步枪 Mk III 型
1979年5月配属于在库纳尔省活动的圣战者

圣战者拥有历次冲突中遗留下来的很多武器。英国的李恩菲尔德步枪精确可靠，在那些藏在道路上方石头后面的使用者手中，该枪非常致命。

技术参数	
制造国：英国	枪口初速：751米/秒
年份：1906	（2465英尺/秒）
口径：7.7毫米（0.303英寸）	供弹方式：10发弹匣，使用5
动作方式：旋转后拉枪机	发容量弹夹装填
重量：4.14千克（9.125磅）	射程：500米（1640英尺）
枪管长：640毫米（25.2英寸）	全长：1129毫米（44.4英寸）

▲ AK-47系列突击步枪
1986年9月配属于在赫尔曼德省活动的圣战者叛乱分子

一些国家给圣战者提供了大量AK步枪和中国仿制的56式突击步枪。一些伊斯兰国家和美国用资金和武器来支持圣战者。

技术参数	
制造国：苏联	枪管长：415毫米
年份：1947	（16.34英寸）
口径：7.62毫米（0.3英寸）	枪口初速：710米/秒
动作方式：导气式	（2329英尺/秒）
重量：4.3千克（9.48磅）	供弹方式：30发容弹量可拆
全长：880毫米	卸式盒式弹匣
（34.65英寸）	射程：400米（1312英尺）

第三章

中东与非洲，
1950—2000

欧洲殖民帝国的崩溃给非洲带来了一种暴力的局面，新生的
势力和派系寻求国家统一。

这一地区有些冲突的根源可追溯至数世纪前，其他冲突则才
发生。20世纪后半叶发生的很多冲突，都爆发于装备差的两
支准军事组织之间，或是装备差的准军事组织与有欧式装备
的军队之间。

在中东，以色列和数个阿拉伯国家发生过战争。

这些战争比多数非洲战争都更正式，而且，都有空中力量支
援。但是，归根结底，还是装备了轻武器的步兵攻占并坚守
住了阵地。

◀ **刚果武装**

1978年5月，扎伊尔陆军与加丹加省革命分子经过激战夺回科卢韦齐机场
后，为摄影师再一次摆出一副杀气腾腾的姿势。他们中绝大多数人装备的是
FN FAL步枪。

导言

尽管二战的影响很深远，但它对中东和非洲撒哈拉以南地区的影响却很小。

尽管地中海沿岸地区是二战的主要战场之一，不过在其他地方，二战并未给人们造成多大影响。与此相似的是，中东地区只发生过有限的战争，激烈争夺中东油田的战斗主要发生在非洲北部沿海地带。

二战的政治影响在这片地区都可感受得到。最剧烈的动乱也许要数一个犹太国家的建立。犹太人和阿拉伯人，在现今为以色列的那片地区和平生活了几个世纪。犹太人国家的建立、数千欧洲犹太人——他们的文化与中东文化迥异——的到来，引起了剧烈的变动和暴力。之前的以色列就麻烦不断。1956年，因埃及实施的封锁，以色列入侵西奈半岛，恰逢英法两国试图占领苏伊士运河。虽然苏伊士运河事件对英法来说是一场惨败，却使以色列成为军事强国，并使它在随后的停火谈判中处于有利地位。

随着封锁解除，以色列再一次获得了外贸通道。但是，犹太国家和邻国的关系继续恶化。许多阿拉伯国家驱逐或歧视国内的犹太人，这些人很多都去以色列定居了。与此同时，犹太国家的非犹太人居民又反对国家。数十万人离开或被驱逐出以色列，随后他们又回来。对此，没有明确的解决方案，内患是很普遍的事情。外部的影响使这一局面更加恶化，阿拉伯邻国在背后支持革命分

▲ **自由战士**

1975年，来自"莫桑比克解放阵线"（FRELIMO）的游击战士正在一处丛林营地中聆听领袖萨莫拉·马谢尔的演讲。他们装备了葡萄牙和欧洲制造的其他步枪和冲锋枪。

▲ 观察哨执勤

1982年维和行动期间，黎巴嫩首都贝鲁特，一名美国海军陆战队士兵值守在一挺M60通用机枪边。

子反对以色列政府。1964年，巴勒斯坦解放组织（巴解组织）成立，其公开意图是摧毁以色列。周边国家毫不掩饰地表示这也是他们的目标。以色列成了一座武装营地，四周都被敌人包围了。以色列有很多可被快速激活的军事机构和预备役人员。快速反应完全有必要，以色列边境有些地方距离其首都仅有数小时的坦克车程。

殖民地自治

与此同时，欧洲国家正在丢失他们位于非洲的殖民地。有些国家试图继续占有殖民地，而其他国家，譬如英国，则有意识地放弃自己的殖民地——这些殖民地已成为一种负担。随之而来的"战略撤退"被称作"局部战争"。这些战争通常较为复杂，派系与派系战斗，派系与前宗主国战斗。

在很多情况下，小规模战争成了冷战的"代理人战争"。苏联愿意为亲共产主义的部队提供武器、资金和顾问。对此，西方国家觉得有必要为反共产主义派系提供援助——支持那些具有高度争议性的派系。当伊斯兰教原教旨主义分子推翻伊朗国王后，

相似的局面在20世纪80年代又发生了。新成立的处于神权统治下的伊朗主要敌人是伊拉克——处于残暴但至少不反西方的萨达姆·侯赛因政权的统治下。

由于害怕原教旨主义分子占领出产石油的波斯湾这一重要地区，西方国家支持萨达姆·侯赛因，对其内部镇压、对伊朗人使用化学武器等事视而不见。两伊战争1988年结束后，这种"邪恶"导致了海湾战争。

面对欠下邻国的沉重债务（如科威特，科威特两伊战争时支持过伊拉克），伊拉克发现了可一举两得的办法——入侵并吞并科威特。这样，不仅可以不用还债，还可以利用科威特的巨大石油储量重建伊拉克经济。

入侵非常容易就能完成，因为科威特的武装力量远远处于劣势。然而，这场战争的结果却是，联合国安理会授权的多国部队把伊拉克军队从科威特赶了出去，世界上最先进的军事力量与庞大的伊拉克军队发生了冲突。

阿尔及利亚起义 1954—1962

法国对阿尔及利亚叛乱取得的军事成功最终因政治局面的变化化为乌有，法军中的很多人都不愿接受这种结果。

虽然阿尔及利亚被认为是"大法国"的一部分，但政局却是殖民地式的。少数白人移民把持着政治和经济大权，人口比白人多得多的穆斯林却只能尽其所能勉强度日。对独立和自治的渴望一直都存在，但1954年时，这种愿望开始以针对白人移民和法属机构的暴力形式表达出来。主要组织是阿尔及利亚民族解放阵线（FLN）。民族解放阵线是穆斯林团体，很受欢迎的领袖代表着大部分民众。其反对者——法国政府和白人移民，经常意见相左，这使局势更加复杂。

虽然最近在印度支那遭受了耻辱，法军在反击阿尔及利亚早期的袭击方面仍卓有成效。到1955年初，民族解放阵线的几个关键领导人非死即俘。民族解放阵线被削弱到毫无作为的地步，但是，即便法国政府通过让白人移民误解的措施来争取穆斯林民众，民族解放阵线仍在重建力量。

暴力重现，民族解放阵线和白人移民民兵都发动了大屠杀和报复行动。民族解放阵线以刚独立的突尼斯和摩洛哥为基地，对首都阿尔及尔发动了袭击和恐怖行动。

陆军的干涉

随着阿尔及尔的局势脱离控制，法国陆军被许可放开手脚来稳定局势，命令允许他们采取必要措施来对付民族解放阵线。城市被检查站分割，搜查也在进行，但这些措施只获得了部分成功。没有关于民族解放阵线的准确情报就难以找到他们，除非他们在袭击中暴露了自己。

▶ **MAS Mle 1950手枪[①]**
1957年1月配属于驻阿尔及尔的法国陆军第10伞兵师

该手枪是一种结实耐用、广受使用者欢迎的手枪。搜查房屋寻找民族解放阵线成员和武器的法国伞兵部队发现，手枪比步枪更易于操作，尤其是拿枪口指着嫌犯时。

技术参数	
制造国：法国	全长：195毫米
年份：1950	（7.7英寸）
口径：9毫米（0.35英寸）	枪管长：111毫米
使用 派拉贝鲁姆手枪弹	（4.4英寸）
动作方式：枪管短后坐式，	枪口初速：315米/秒
枪管偏移式闭锁	（1033英尺/秒）
重量：0.86千克（1.8磅）	供弹方式：9发弹匣

[①] 该枪应为MAC Mle 1950。它由查特勒尔特兵工厂（MAC）定型，且套筒处打有MAC钢印。当然法国圣·艾蒂安兵工厂（MAS）后来也生产该枪。

法军的大部分工作都是一成不变的：巡逻、站岗或执行搜索–歼敌行动。然而，与民族解放阵线的交火并不罕见，遭受的狙击袭击也是一样。警方也会逮捕那些被怀疑是民族解放阵线同情者或其成员的人。这些人接受审讯，有时是刑讯，供出了足够多的情报，最终瘫痪了阿尔及尔的民族解放阵线。

与此同时，民族解放阵线的外来支持被"莫里斯线"——一条由电网和雷场组成的、沿着突尼斯边境的防线——挡住了。这

条防线不断有人巡逻，破坏电网会引发警报，警报将招来炮击或坦克、直升机和机动步兵部队——以抵御任何大规模入侵。法军也向民族解放阵线在乡村的"安全区"发动攻势，这种进攻通常很有效。然而，就在革命分子一败涂地的时候，法国政府改变了对阿尔及利亚独立的立场。尽管法军无法接受与革命分子作战作出牺牲后阿尔及利亚却独立了的事实，法国还是于1962年撤军。同年，阿尔及利亚宣布独立。

▲ **49式半自动步枪（MAS 49）**
1960年1月配属于驻阿尔及尔的第25伞兵师

二战后，重新武装起来的法国寻求用一种半自动步枪替代当时正在服役的各种陈旧杂械。这一计划的产物MAS 49步枪极其可靠，使用7.5毫米（0.295英寸）子弹，而不是北约制式7.62毫米（0.3英寸）弹药。

技术参数

制造国：法国	枪管长：521毫米
年份：1949	（20.51英寸）
口径：7.5毫米（0.295英寸）	枪口初速：817米/秒
动作方式：导气式	（2680英尺/秒）
重量：3.9千克（8.6磅）	供弹/弹匣：10发弹匣
全长：1010毫米（39.7英寸）	射程：500米（1640尺）

技术参数

制造国：法国	枪管长：600毫米
年份：1952	（23.62英寸）
口径：7.5毫米（0.295英寸）	枪口初速：840米/秒
动作方式：半自由枪机式	（2756英尺/秒）
枪身重量：10.6千克（23.37磅）	射速：700发/分钟
全长：1080毫米（42.5英寸）	供弹方式：50发金属弹链
枪管长：600毫米（23.62英寸）	射程：1200米（3937尺）

▲ **MAS AAT-52通用机枪**[2]
1955年4月配属于驻阿尔及尔的第10伞兵师

为批量生产而设计的MAS AAT- 52机枪，使用简单的冲压和焊接零件。固定的检查点使法军能控制民族解放阵线人员的活动。因为有架在沙袋上的机枪的保护，这些检查点通常很强大，能够阻挡敌人的袭击。

---

② AAT是法语"可转换模式自动武器"的缩写。

阿以战争 1948-2000

由于被意图摧毁它的诸国包围着，以色列为了生存打了好几次战争。有时是为了防御，有时则是为了进攻。

现代的以色列国家成立于1948年，它建立在一片对阿拉伯人和犹太人都具有重要历史意义的地区。冲突是不可避免的，甚至在联合国同意创建新国家前，犹太和阿拉伯民兵就已经在为自己声称有控制权的地区战斗了。将以色列的内部冲突和外部冲突分离开来是不可能的，它们都是这个动荡地区复杂政治局势的侧面。

1948年5月14日是以色列宣布独立的日子，它已经控制了自己声称的边界线内的战略要地，但随即便遭到周围阿拉伯国家的入侵。以色列第一场生存之战的结果是，成功的防御和反击使边境得到了实质性的扩张。

以色列国防军（IDF）面临的首次重大考验是1956年对西奈半岛的入侵——回应埃及封锁和关闭苏伊士运河的行动。边界摩擦和由外部势力支持的以色列国内叛乱几乎持续不断，但在1956年10月，埃及、约旦和叙利亚公开宣布，他们在埃及的指挥下将发动一场联合行动来毁灭以色列。1956年以色列入侵西奈很大程度上是不得

已之举，这次先发制人的攻击成功为以色列带来了11年的相对安全。随后，1967年，埃及重新封锁以色列，并公开为入侵以色列做准备。又一次先发制人的攻击扰乱了这一计划，但阿拉伯领导人继续表达了他们想摧毁以色列的意图。1973年，阿拉伯人首先发动攻击，在被发动绝地反击的以军撵回去前，他们给毫无准备的以军造成了严重的损失。

1973年以后，紧张局面稍稍缓和，以色列与某些阿拉伯国家签署了和约，特别是与埃及。巴勒斯坦解放组织则继续袭击以色列，有时，他们有叙利亚的协助。这种旷日持久的活动导致以色列于1978年入侵黎巴嫩——为了驱逐巴解组织和消灭那里的叙利亚导弹基地。各种政治举措在尝试降低巴解组织和以色列冲突的级别方面取得过一些成功，然而，像哈马斯和真主党这种组织的恐怖袭击和以色列挑衅的事情仍在继续。

▶ **民兵战士**

1985年在黎巴嫩，一支基督教民兵"南黎巴嫩军"（ASL）的成员们正在为照相摆姿势，他们装备着各种各样的武器，包括FN FAL步枪、AK-47步枪、RPG火箭筒和M16突击步枪。

以色列国防军 1956—2000

以色列国防军起初装备的是二战时期的装备，但是战斗经验造就了更适合以色列需求的武器和系统。

梅卡瓦坦克就是个例子，以色列独有的设计，发动机前置。这给了车组乘员额外的保护，并且为边上的隔舱留了空间——这个隔舱能够运送步兵或给养。以色列军工产业的成功故事还有加利尔步枪系列和乌兹冲锋枪。早期的乌兹冲锋枪只有一个固定的木枪托，但很快就有折叠式枪托可供选择。这使乌兹冲锋枪成了车组乘员、其他或许需要强火力自卫但却不能携带正常尺寸步枪的人员的理想武器。乌兹冲锋枪也被配发给特种部队和伞兵作战单位，他们盛赞它轻便、小巧和致命的火力。

加利尔步枪的研发

以色列的阿拉伯对手主要装备苏制武器，包括泛滥的AK-47突击步枪。这种武器给以色列人留下了深刻的印象，以至于他们决定在卡拉什尼科夫的基础上创造一款属于自己的突击步枪——加利尔步枪。正如其他军队所发现的那样，半自动战斗步枪和冲锋枪的结合（对以色列国防军来说，是FN FAL和乌兹冲锋枪的结合）在有些方面是有效的，但在其他方面就不行了。远距离战斗时，只有装备了步枪的部队能够接战；近距离战斗时，FAL的效率比阿拉伯人的突击步枪要差。列装加利尔步枪使以军士兵能够在远、近距离接战，提升了部队的效率。加利尔和AK-47一样结实坚固，而且，它整体上比AK-47更棒，这使以军在以后的战争中单兵对单兵时有优势。这对部队人数总是处于劣势的国家来说是很有益的。

加利尔步枪使用极其坚固的卡拉什尼科夫式构造机制，但其制造水平比AK步枪要高很多。经过多年的改进，它成了极其有效的一种突击步枪。7.62毫米（0.3英寸）和5.56毫米（0.219英寸）版本被归为卡宾枪、突击步枪和轻型支援武器，在国内和国外市场都取得了成功。

► **贝瑞塔M1951**
1956年11月配属于驻拉法口岸的以色列国防军第27装甲旅

9毫米口径的贝瑞塔M1951手枪被用作阿拉伯和以色列军官和车组乘员的佩枪。它被证明是可靠的，而且极受使用者欢迎。

技术参数

制造国：意大利	枪管长：114毫米
年份：1951	（4.5英寸）
口径：9毫米（0.35英寸）	枪口初速：350米/秒（1148
使用派拉贝鲁姆手枪弹	英尺/秒）
动作方式：枪管短后坐式，	供弹方式：8发弹匣
枪管偏移式闭锁	射程：50米（164英尺）
重量：0.87千克（1.92磅）	全长：203毫米（8英寸）

加利尔步枪狙击改型展现了以色列人对武器的态度。它是一款精度极高的半自动版本加利尔步枪。正因如此，它不如专业狙击枪那么精确，有效射程也较短，却非常结实耐用，能在严峻的沙漠条件下使用。以军相信，与其装备一款高端但在野战中可能因故障而不能使用的武器，不如装备一种耐用的、能在任何环境下使用的武器。

各次战役

1956年，参与入侵西奈半岛攻势的以色列部队主要由临时动员的后备军人组成。作战计划强调速度和攻击性，这是因为在西奈沙漠没法慢工出细活。伞兵被投在快速推进的部队面前，后者穿过半岛，向南面沙姆沙伊赫的埃及基地前进。苏伊士运河战役首次使用了乌兹冲锋枪，对需要紧凑武器的机械化步兵和需要清理地堡及其他密闭空间的步兵单位来说很有用。

埃及陆军在靠近以色列边境的地方部署了大量部队，但在苏伊士运河东边却没留几支预备队，一旦外围据点被破坏，埃及就不能收复足够的据点在多个地方组织起有效的防御。英法联军对苏伊士的入侵使局势更加恶化，这迫使埃及人从西奈半岛撤回以防卫更重要的地区。

▲ 乌兹冲锋枪
1973年10月配属于参与泪谷之战的以色列国防军第7装甲旅

装有固定木枪托的乌兹冲锋枪以其原始状态参与了1956年的战斗。随后，它被改成折叠式金属枪托配发给部队。它几乎出现在20世纪以军的所有冲突中。方便、可靠、精准，该枪在车组乘员和安全部队中很受欢迎。

技术参数

制造国：以色列	枪管长：260毫米
年份：1951	（10.23英寸）
口径：9毫米（0.35英寸）	枪口初速：400米/秒
使用派拉贝鲁姆手枪弹	（1312英尺/秒）
动作方式：自由枪机式	供弹方式：25或32发弹匣
重量：3.7千克（8.15磅）	全长：650毫米（25.6英寸）
射程：120米（394英尺）	

▶ 迷你乌兹
1982年6月配属于在黎巴嫩的以色列特种部队

迷你乌兹冲锋枪，很适合在贝鲁特这样的城市中行动的特种部队。

技术参数

制造国：以色列	枪管长：197毫米（7.76英寸）
年份：1980	枪口初速：352米/秒
口径：9毫米（0.35英寸）	（1155英尺/秒）
使用派拉贝鲁姆手枪弹	供弹方式：20、25或32
动作方式：自由枪机式	发弹匣
重量：2.7千克	射程：50米（164英尺）
（5.95磅）	全长：600毫米（23.62英寸）

以色列国防军排，1956

以色列国防军起初装备的是二战遗留下来的武器，其中有一些是盟军在二战末期缴获或查抄的德国存货。这些武器逐渐被以色列本国制造的武器所取代。

排指挥部（6支乌兹冲锋枪、2支毛瑟Kar98步枪①、1具巴祖卡火箭筒）

步兵班组1（1支乌兹冲锋枪、1挺布伦轻机枪、8支毛瑟Kar98步枪）

步兵班组2（1支乌兹冲锋枪、1挺布伦轻机枪、8支毛瑟Kar98步枪）

步兵班组3（1支乌兹冲锋枪、1挺布伦轻机枪、8支毛瑟Kar98步枪）

技术参数	
制造国：以色列	枪管长：460毫米
年份：1972	（18.11英寸）
口径：5.56毫米（0.219英寸）使用北约制式弹药	枪口初速：990米/秒（3250英尺/秒）
动作方式：导气式	供弹方式：35或50发弹匣
重量：4.35千克（9.59磅）	射程：800米
全长：979毫米（38.54英寸）	（2625英尺）

▲ **加利尔突击步枪**
1982年8月配属于在南黎巴嫩参战的以色列国防军第91师

基于曾很流行的AK-47步枪，加利尔被引入军中替换当时以军的FN FAL步枪。它们的不同之处在于，加利尔使用的是35发弹匣，而非典型的30发弹匣。从倾斜的位置开火时，长弹匣会使步枪难于操作。

① 图中步枪为毛瑟Kar98k。

在联合国的监督下，这场冲突以以色列军队缴获了埃及军队大量车辆和装备后撤离而收场。其他战争使用了这些装备中的一部分。与此同时，以军其他部队挺进加沙——那里正发生着反抗巴勒斯坦部队的战斗。

1956年的战役向以色列国防军展示了坦克的威力。在那之前，用作进攻的主要还是步兵，坦克和加装在轻型车辆上的武器为支援设备。1956年后，便是装甲部队了，对装甲部队的重视程度使其他武器几乎不被关注。其他的经验教训也被吸取了，但也许被吸取得太好了。主动出击和进攻，而非谨慎合作和相互支持，使快速推进和一场成功的战役成为现实。这次胜利使人相信：勇猛的装甲部队会碾碎它面前的一切，这既可能造成灾难，也可能造就成功。

到1967年，以色列再次受到威胁，并以一场先发制人的打击作为回应。这次冲突以"六日战争"之名而为人所知。以色列空军

（IAF）倾巢而出攻击敌方空军。第一波攻击目标是埃及，但战争首日结束的时候，约旦、伊拉克和叙利亚的空军也被粉碎了。

对埃及的进攻采取的是装甲突击模式，路线大致是1956年的进攻线路。出其不意使得先导装甲作战部队能在敌人的防线上凿开一条口子，并颠覆毫无准备的敌军。然而，埃及部队的顽强抵抗在一些地方阻滞了以军的推进。以方的空中优势使以军能进行猛烈的空中打击，炸毁难以计数的顽抗地点，并使以军继续推进。空中力量也使搭乘直升机的部队能对埃及的主要炮兵点进行大胆突袭。随着埃及军队的瓦解，以色列和埃及部队都在为苏伊士运河而狂奔。以色列部队能在运河以东地区包围大批埃及部队[①]，歼灭埃军的大部分装甲力量。

与此同时，以色列国防军的其他部队攻击了叙利亚和约旦。约旦部队战斗英勇，但不是装备更好的以军的对手。在叙利亚，以

▲ 加利尔AR狙击步枪
1982年8月配属于参加贝鲁特围城战的以色列国防军戈兰旅

对加利尔狙击步枪更准确的描述应该是"神枪手步枪"，而不是狙击武器。它赋予了步兵编队额外的远距离火力。

技术参数

制造国：以色列	枪管长：508毫米（20英寸）
年份：1972	枪口初速：815米/秒
口径：7.62毫米（0.3英寸）	（2675英尺/秒）
使用北约制式弹药	供弹方式：20发弹匣
动作方式：导气式，半自动	射程：800米（2625英尺）
重量：6.4千克	以上
（14.11磅）	全长：1115毫米(43.89英寸)

①此处原文作"trap large Egyptian forces on the western size"明显属印刷错误，与上下文意思既不相衔接，英语中也没有on…size用来做规模类比的用法；1967年6月8日以军在西奈半岛歼灭埃军共5个师，推测的正确印刷应该是trap large Egyptian forces on the eastern Suez，故据此处理。

军的目标是占领戈兰高地——将这里作为应对未来威胁的天然屏障。到"六日战争"结束时，以色列已经将国界线扩展到了天然屏障外：即扩展至戈兰高地、约旦河和苏伊士运河一线。然而，以色列国防军的过分自信已经膨胀到了一个危险的程度，这使它在6年后的行动中损失惨重。

1973年，阿拉伯国家首先发动攻击，他们在以色列人神圣的赎罪日发动了进攻。叙利亚装甲部队突入戈兰高地，与此同时，埃及人使用苏联的渡河技术越过苏伊士运河发起了突击。

以色列国防军回应强烈，但各部之间并不协调。这正中埃军下怀，以军坦克在无支援的情况下进行攻击并一头冲进了苏联提供的新式反装甲武器怀抱。虽然损失惨重，以色列国防军还是能抓住主动权并将战斗拉回到他们最擅长的运动战上去，他们将埃及军队赶回了苏伊士运河一线。与此同时，叙利亚军队的装甲突击被以军勉强击退，以军正在开展一次成功的反击。外交压力使双方停火，之后是谈判。对以色列国防军来说，各兵种必须合作，步兵和炮兵得回到更具主导性的角色上。

▲ **以色列军事工业集团（IMI）内盖夫轻机枪**
2000年配属于在加沙走廊地带作战的以色列国防军吉瓦提[2]步兵旅

内盖夫机枪被设计为一种多用途武器。该枪可使用150发长度的弹链供弹或使用加利尔步枪弹匣。加装适配器后，它也可使用标准型M16步枪弹匣。

技术参数

制造国：以色列	枪管长：460毫米（18.1英寸）
年份：1997	枪口初速：915米/秒
口径：5.56毫米（0.21英寸）	（3002英尺/秒）
动作方式：导气式，	供弹方式：150发弹链或
枪机回转闭锁	35发弹匣
重量：7.40千克（16.31磅）	射程：300—1000米
全长：1020毫米（40英寸）	（984—3280英尺）

▲ **IMI TAR-21突击步枪**
2002年配属于在杰宁城参加"防御盾牌"行动的以色列国防军戈兰旅

该突击步枪是以色列国防军最新的现役武器。它顺应了无托结构武器的大趋势（枪机设置在手枪式握柄的后方），在城市狭小的空间容易操作。

技术参数

制造国：以色列	全长：720毫米（28.3英寸）
年份：2001	枪管长：460毫米（18.1英寸）
口径：5.56毫米（0.219英寸）	枪口初速：910米/秒
使用北约制式弹药	（2986英尺/秒）
动作方式：导气式，	供弹方式：各种北约标准化
枪机回转闭锁	弹匣
重量：3.27千克（7.21磅）	射程：550米（1804英尺）

② 希伯来语，意为山地或高地。

阿拉伯武装 1956—1982

虽然中东民族之间总是有冲突，但阿拉伯人和犹太人之间的冲突在20世纪20年代开始变得更普遍。

犹太人在现今为以色列的这片地方定居下来，以便逃离纳粹迫害。强有力的证据表明，中东的某些反犹太活动是由纳粹资助的。不知为何，冲突逐渐升级。甚至当以色列并未参与邻国的敌对行动时，叛军仍在该国活动。关于加沙走廊这种争议领土的冲突，导致袭击和报复的无休止循环。即便以色列国防军没有牵涉进来的时候，犹太人非正规军也进行着他们的本地战争。

1964年，巴勒斯坦解放组织的成立，对以色列的国内及国际安全是一种严重威胁。巴解组织从阿拉伯邻国获得支持，在某些情况下也能部署有着精良装备、从外国顾问那里接受过正规训练的战士。

然而，以色列存在的主要威胁则来自于埃及及其盟友。主要配备苏联提供的武器或苏式武器本地版的埃及军队，总体上有意愿也有能力作战，但所受的领导却很差。特别是军官与来自不同阶层的应征兵之间，缺乏对彼此的信心。因此在有些行动中，埃及部队被证明是脆弱的。埃及部队在流动作战中的表现相对差一点，大部分是由于装甲部队针对机动战的复杂性的训练不够。行动不那么复杂的步兵和炮兵表现要好一些。因此，埃及人擅长静态防御行动。有时候，埃及军队的防御阵地会被以色列装甲部队突破，这些以军随后就奔向新目标，丢下了支援武器，因为这些武器难以通过已被捣毁但仍很牢固的埃及防线。

然而，大规模装备了AK-47突击步枪的阿拉伯武装力量，在射程范围内，与以军相比，享有明显的火力优势。每个士兵都能射出压制性的火力，使得火力-规避战术更为有效。AK-47在适当的射程范围内是精准的，至少普通士兵能有效射击。虽然AK-47在300—400米（950—1300英尺）射程以外的表现有所下降，但这并不是大缺点，特别是在地形相对复杂的戈兰高地战役。

▶ **出口埃及型托卡列夫58式手枪**
1967年6月配属于在加沙走廊活动的巴勒斯坦非正规武装人员

这是托卡列夫半自动手枪的一种出口版本——原计划是给埃及军方使用的，但最终被埃及警察接受。这种手枪有些流入了埃及支持的巴勒斯坦民兵手中。

技术参数

制造国：埃及/匈牙利	枪管长：114毫米 (4.5英寸)
年份：1958	枪口初速：350米/秒
口径：9毫米（0.35英寸）	（1150英尺/秒）
使用派拉贝鲁姆手枪弹	供弹方式：7发弹匣
动作方式：枪管短后坐式	射程：30米（98英尺）
重量：0.91千克（2.01磅）	全长：194毫米（7.65英寸）

▶ **赫勒万手枪**
1956年10月配属于驻阿里什市的埃及陆军第3装甲营

赫勒万手枪是贝瑞塔M1951手枪的埃及版，以军为这种手枪重新命名后也使用它。

技术参数

制造国：埃及	枪管长：114毫米（4.5英寸）
年份：1955	枪口初速：350米/秒
口径：9毫米（0.35英寸）	（1148英尺/秒）
使用派拉贝鲁姆手枪弹	供弹方式：8发弹匣
动作方式：枪管短后坐式	射程：50米（164英尺）
重量：0.89千克（1.96磅）	全长：203毫米（8英寸）

技术参数

制造国：埃及	枪口初速：853.44米/秒
年份：20世纪50年代早期	（2800英尺/秒）
口径：7.62毫米（0.3英寸）①	供弹方式：10发容量盒式
动作方式：导气式，	弹匣
枪机偏移式闭锁	射程：457米（1500英尺）
重量：4.4千克（9.7磅）	全长：1216毫米（47.87英寸）
枪管长：638毫米（25.1英寸）	

▲ **哈基姆步枪**
1956年10月配属于驻拉法口岸的埃及陆军第5旅

哈基姆步枪是由一款瑞典武器衍生而来的，它发射一种全威力战斗步枪子弹。该枪后来在现役中被AK系列步枪取代，但埃及仍储备了很多。

训练水平的提高

1967年，压倒性地击败埃及军队后，以色列国防军变得自满起来。而埃及军队则牢记"六日战争"的经验教训，重新组建和训练部队。在苏联顾问的协助下，埃及军队的训练水平和作战理论显著提高。1973年，埃军证明自己不仅能导演一场苏式渡河行动，也能通过适应和创新来迎接跨越苏伊士运河的独特挑战。

虽然有很大的提升，埃及装甲部队仍然不能与以军相比，至少埃及坦克部队不能与以军坦克部队相比。埃及通过使用苏联提供的新型制导反坦克武器和运用更好的战术，弥补了这一不足。在任何可能的地方，埃军都停下来允许以军发动他们那习惯性的轻率的装甲反击。这通常使无支援的以军坦克与埃及的装甲部队和发射制导导弹的埃及步兵遭遇。

---

① 应该是7.92毫米。瑞典的AG 42B在埃及先改出7.92口径的Hakim（哈基姆步枪），再改出7.62口径的Rashid（后面的拉希德卡宾枪）。

以色列认识到要适当支援他们的坦克，并且为了反制埃及的制导导弹，以军车组乘员的位置得保持在机枪火力的射程内。如果发射导弹的埃及士兵想寻找掩蔽，这枚导弹就不能被成功制导。即便如此，埃及陆军还是在被以军的反击撵回运河对岸前给以军造成了惨重的损失。

叙利亚的战斗力也有提高。1967年，以军进入戈兰高地时，仅遭到叙利亚部分陆军的抵抗，而且抵抗决心不顽强。1973年，叙利亚陆军大举进攻戈兰高地，几乎成功粉碎以色列人的抵抗。这次突击由配有坦克的步

兵师发起，阵线宽广。与此同时，叙利亚以2个装甲师为预备队，准备进行一次突破或利用有可能出现的机会。

战斗头两天，坚守戈兰高地的以色列部队伤亡惨重，但他们设法坚守阵地，直到增援部队抵达。遍体鳞伤的以军集合了能集结起来的所有坦克和部队。他们之所以能成功推迟叙利亚的推进，主要归功于装备优势。

然而，以色列人自从1967年起就已准备在戈兰高地打一场防御战，而且他们最大限度地利用了每一片防御性地形。面对这么强的防御，任何军队都会遭到严峻考验。

▲ **拉希德卡宾枪**
1956年10月配属于正在乌姆凯泰夫-阿布埃利亚防御圈中作战的埃及陆军第9预备役旅

拉希德卡宾枪是由哈基姆步枪衍生出来的，在被更广受欢迎的AK系列突击步枪淘汰之前，仅有少量被下发给部队。

技术参数		
制造国：埃及		枪管长：520毫米（20.5英寸）
年份：1960		枪口初速：未知
口径：7.62毫米（0.3英寸）		供弹方式：10发弹匣
动作方式：导气式		射程：300米（984英尺）
重量：4.19千克（9.25磅）		全长：1035毫米（40.75英寸）

技术参数	
制造国：苏联	枪口初速：710米/秒
年份：1947	（2329英尺/秒）
口径：7.62毫米（0.3英寸）	供弹方式：30发弹匣
动作方式：导气式	射程：400米（1312英尺）
重量：4.3千克（9.48磅）	全长：880毫米
枪管长：415毫米（16.34英寸）	（34.65英寸）

▲ **AK-47突击步枪**
1973年10月配属于在西奈半岛的埃及陆军第2步兵师

相继从不同国家几次获得顾问和武器后，埃及陆军在1967年后重新配备了苏式装备。1973年，埃及陆军的作战力量被证明比以前更强。

内战和革命 1960年至今

在非洲大陆上，任何时候都会有冲突，这是无法避免的。有些冲突的起源可以追溯至欧洲列强的殖民干涉，或可以追溯至列强撤离而留下的权力真空。

20世纪60年代，刚果从比利时独立出来后立即陷入了内战。正如内战冲突中常见的那样，并没有"前线"这类的玩意，虽然有些地区已被确认是这个派别或那个派别的领地。有组织的武装组织发起过攻势，但冲突的大部分爆发在低水平的50—100名枪手或士兵之间。大屠杀很普遍，外国部队也不能幸免于难，他们也是暴行的受害者。

刚果冲突的特点是使用了欧洲雇佣兵。他们训练当地武装、保护那些沦为各派受害者的白人，并参与战事。冲突后期，他们卷入了暴乱和军事政变。1971年，该国被重新命名为扎伊尔[1]，那时冲突已经结束了。

葡萄牙人从非洲殖民地（安哥拉、几内亚和莫桑比克）的撤离也深陷麻烦之中。在这些殖民地的每一寸土地上，渺小的葡萄牙据点陷于出其不意的暴乱，被迫与日益壮大的游击队作战。这些冲突受到革命分子设在其他国家的基地的影响。在安哥拉作战的许多游击队基地位于境外的扎伊尔，莫桑比克的游击队员则能去葡萄牙无法追捕的坦桑尼亚或赞比亚寻求庇护。

葡萄牙运用了各种办法来对付革命分子，如做出让步、改善当地人的生活水平及提高军事力量。教练机被改装成轻型攻击机并与地面部队联合行动的方法得到了广泛运用。此外，还在机动车辆不能通行的地方部署了骡马骑兵，拥有来自海军陆战队和伞兵部队这种精锐部队的大量步兵。然而，葡萄牙最终因缺少支援而撤离。

因有外国势力增援武器，安哥拉的游击队能够大量使用地雷。革命分子中因地雷受伤比因战斗受伤的人更多。大多革命团伙规模小，但随着冲突升级，团伙从装备杂械的20名成员升级为装备AK系列突击步枪的100—150名成员。他们时不时部署迫击炮、

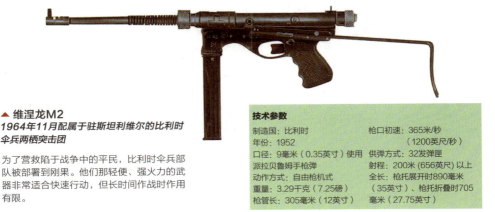

▲ 维涅龙M2
1964年11月配属于驻斯坦利维尔的比利时伞兵两栖突击团

为了营救陷于战争中的平民，比利时伞兵部队被部署到刚果。他们那轻便、强火力的武器非常适合快速行动，但长时间作战时作用有限。

技术参数

制造国：比利时
年份：1952
口径：9毫米（0.35英寸）使用派拉贝鲁姆手枪弹
动作方式：自由枪机式
重量：3.29千克（7.25磅）
枪管长：305毫米（12英寸）

枪口初速：365米/秒（1200英尺/秒）
供弹方式：32发弹匣
射程：200米（656英尺）以上
全枪：枪托展开时890毫米（35英寸）、枪托折叠时705毫米（27.75英寸）

---

[1] 即今刚果（布）东方省首府基桑加尼。

榴弹发射器和火炮，地对空导弹也从1973年开始出现。

在尼日利亚内战中，国际干预也很重要。1967年内战刚开始时，尼日利亚军队装备的是二战时期的武器，多来自英国，新独立的比亚夫拉军队的情形也一样。随着冲突的继续，许多国家向内战的一派或另一派送来援助——包括从轻武器到喷气式战斗机的各种武器。比亚夫拉人的革命被粉碎了，大部分归功于规模很小的尼日利亚装甲部队，比亚夫拉被重新并入尼日利亚。

埃塞俄比亚是世界上最贫穷的国家之一，历史上的大部分时间都麻烦不断。1974年，埃塞俄比亚爆发的革命，使其与分裂出去的厄立特里亚的关系更加恶化。革命之后又出现了蓄意政变，恐怖战术也被广泛使

技术参数

制造国：苏联	枪管长：520毫米（20.5英寸）
年份：1962[1]	枪口初速：735米/秒
口径：7.62毫米（0.3英寸）	（2410英尺/秒）
使用M1943弹药	供弹方式：100发弹链，
动作方式：导气式，气冷式	装入弹链盒中
重量：7千克（15.43磅）	射速：700发/分钟
全长：1041毫米（41英寸）	射程：900米（2953英尺）

▲ **RPD轻机枪**
1969年9月配属于安哥拉游击队

虽然年代久远，RPD轻机枪仍是一种结合了机动性与火力的实用武器。它使用和苏联步枪一样的弹药，这使革命分子的补给简单化。

技术参数

制造国：西班牙	枪管长：450毫（17.72英寸）
年份：1958	枪口初速：800米/秒
口径：7.62毫米（0.3英寸）	（2625英尺/秒）
使用北约制式弹药	供弹方式：20或30发弹匣
动作方式：半自由枪机式	射程：500米（1640英尺）
重量：4.4千克	以上
（9.7磅）	全长：1015毫米（40英寸）

▲ **CETME突击步枪[2]**
1972年配属于驻莫桑比克的葡萄牙伞兵第31营

该突击步枪是在西班牙由一个德国设计组基于StG45项目研制的，简单易用。CETME突击步枪是H&K G3的前身，随后，它发展成5.56和7.62毫米口径的突击步枪枪族。

---

① 它的中国仿品56式班用机枪早在1956年定型，因此年份不会是1962年。
② CETME意思是"西班牙特种材料技术研究中心"。

用。此时，苏联与埃塞俄比亚邻国索马里的关系正在急速冷却。曾试图用小规模游击部队来夺取埃塞俄比亚欧加登省的索马里，利用这种局势再次入侵埃塞俄比亚。战争双方大体上使用的都是苏联提供的武器，但具有决定作用的是，苏联站在埃塞俄比亚这边。

拥有坦克和飞机的埃塞俄比亚部队，能给厄立特里亚革命分子造成惨重的伤亡并削弱他们对很多地区的控制权，但这种"胜利"是虚幻的。埃塞俄比亚的铁腕行动使他们招募来的士兵自发加入到厄立特里亚独立的事业中去，随着苏联援助的减少，局势并未如埃塞俄比亚人期望的那样——能彻底胜利。厄立特里亚于1993年独立，但这既没有结束其内部冲突，也没有结束其与埃塞俄比亚的冲突。对领土的争议导致1998—2000年又发生一场新战争，边界的民兵之间断断续续地发生着摩擦。

同时，索马里也陷入1991年开始的内战。开始是派系之争，随后渐渐发生改变。如今，伊斯兰激进分子被深深牵扯进这场战争，尽管联合国努力调停，战争仍在继续。

▲ PPSh-41冲锋枪
1977年配属于在亚的斯亚贝巴的埃塞俄比亚人民民兵

苏联向非洲的各个派系和政府军提供了大量的武器。有些武器，譬如PPSh-41，是二战时期的旧货，但仍非常有用。

技术参数

制造国：苏联	枪管长：226毫米（10.5英寸）
年份：1941	枪口初速：490米/秒
口径：7.62毫米（0.3英寸）	（1600英尺/秒）
使用苏制弹药	供弹方式：35发弹匣或71发
动作方式：自由枪机式	容弹量弹鼓
重量：3.64千克	射程：120米（394英尺）
（8磅）	全长：838毫米（33英寸）

▲ 卡尔·古斯塔夫45型冲锋枪
2009年10月在非洲之角的索马里海盗曾使用过该枪

索马里和埃塞俄比亚冲突中的杂械，以各种途径落入了在索马里海岸活动的枪手和海盗手中。非洲之角附近海域是世界上海盗活动最猖獗的地方。

技术参数

制造国：瑞典	枪管长：213毫米（8.38英寸）
年份：1945	枪口初速：410米/秒
口径：9毫米（0.35英寸）	（1345英尺/秒）
使用派拉贝鲁姆手枪弹	供弹方式：36发弹匣
动作方式：自由枪机式	射程：120米（394英尺）
重量：3.9千克（8.6磅）	全长：808毫米（31.81英寸）

▲ SKS卡宾枪①
1971年8月配属于几内亚游击队

由苏联提供的SKS步枪是游击队中较普遍的一种单兵武器。有些游击队员设法弄了AK－47来取代它。

技术参数

制造国：苏联
年份：1945
口径：7.62毫米（0.3英寸）
动作方式：活塞短行程导气式
重量：3.85千克
　　　（8.49磅）

全长：1021毫米（40.2英寸）
枪管长：521毫米（20.5英寸）
枪口初速：735米/秒
　　　　（2411英尺/秒）
供弹方式：10发弹仓
射程：400米（1312英尺）

▲ FN FAL自动步枪
1970年3月配属于尼日利亚联邦部队

英国向尼日利亚政府提供了大量轻武器，大部分是为了对抗苏联的影响。训练不足降低了这些武器在联邦军中的作战效率。

技术参数

制造国：比利时/英国
年份：1954
口径：7.62毫米（0.3英寸）
使用北约制式弹药
动作方式：导气式，自动装填
重量：4.31千克
　　　（9.5磅）

枪管长：553毫米（21英寸）
枪口初速：853米/秒
　　　　（2800英尺/秒）
供弹方式：20发弹匣
射程：800米（2625英尺）
以上
全长：1053毫米(41.46英寸)

▲ FBP冲锋枪
1961年配属于驻安哥拉的葡萄牙伞兵第21营

FBP比佩枪有更猛的火力且又并不像步枪那么重，主要被配发给军官和军士。由于偏好使用乌兹冲锋枪，该枪被淘汰。

技术参数

制造国：葡萄牙
年份：1948
口径：9毫米（0.35英寸）
动作方式：自由枪机式
重量：3.77千克
　　　（8.31磅）

枪管长：未知
枪口初速：390米/秒
　　　　（1280英尺/秒）
供弹方式：21或32发弹匣
射程：100米
全长：807毫米（31.8英寸）

---

① 即西蒙诺夫卡宾枪，该枪更通俗化的名称是SKS半自动步枪。

南非安全部队 1970—1990

当新国家被认同，欧洲殖民主义的遗产在南部非洲造成了冲突。

在1970年，南非和罗德西亚两国都由少数白人统治着，比白人规模大得多的黑人被当作二等公民——他们自然对这种制度有怨愤情绪，然后，这种情绪演变成冲突。此外，部落边界问题和派系分歧又引发了其他摩擦。南非和罗德西亚的安全部队试图维持现状，这意味着既要在城市地区行动，也要在遥远距离的灌木林里行动。

罗德西亚的一系列政治组织于20世纪60年代被禁止之后，开始出现游击队。他们与南非的革命分子配合行动，导致南非和罗德西亚安全部队联合行动。早期的游击团伙装备很差且无组织，容易分裂。

从1976年起，一波新的革命活动开始了，部分原因是革命分子受到了葡萄牙从莫桑比克撤离的鼓舞。游击战活动的效率和强度都提高后，试图和平解决的尝试失败了。到20世纪70年代晚期，罗德西亚大部分地区实际上处于游击队控制下。

为了对抗游击队，罗德西亚政府可以用装甲车辆将特别安全部队和正规军步兵部署到战场。其中包括罗德西亚特别空勤团（当时其实是一支优秀的反暴乱部队）、塞卢斯侦察兵团和一支名叫格雷侦察兵团的骑兵部队，该部可以在灌木林里远距离行动。

对抗游击队的部队，精于使用游猎技战术跟踪和伏击游击队。他们行动时通常不用直升机和车辆——避免被游击队发现。有时，他们会亲自执行行动；有时，他们向一般部队传送信息，随后由一般部队发起行动。虽然这些部队取得了很多成功，游击队还是迫使统治精英坐到谈判桌前。1980年，罗德西亚在新政府统治下成为津巴布韦。

南非实行种族隔离制度，隔离黑人和白人，这一直遭到国内外的反对。南非因受到武器禁运令的制裁，发展出了自己的军备工业。一系列特别适合南非武装部队需求的轻武器和重武器被研制出来。

安全部队有时会被卷入更大范围的冲突，但他们也努力维持南非境内的秩序。20世纪70年代前就作出过训练游击队对抗政府的尝试，但这些游击队大都被粉碎了，他们

◀BXP冲锋枪
1980年至今，配属于南非安全部队

BXP是为了军事和安保而设计的。它可单手开火而又保持合理的作战效率，也可通过一只枪口适配器发射步枪用枪榴弹。

技术参数	
制造国：南非	枪管长：208毫米（8.2英寸）
年份：1980	枪口初速：370米/秒
口径：9毫米（0.35英寸）	（1214英尺/秒）
使用派拉贝鲁姆手枪弹	供弹方式：22或32发弹匣
动作方式：自由枪机式	射程：100米（328英尺）
重量：2.5千克	以上
（5.5磅）	全长：607毫米（23.9英寸）

的上级组织也被摧毁或被迫转入地下。不管怎样，在乡村，低水平的抵抗继续存在，在一些城市，暴动也时常发生。为应对这些情况采取了严厉的措施，但这通常引发了更多的暴力事件。

革命团伙试图通过攻击发电厂和其他服务设施崩溃南非的基础设施。安全部队必须处理发生在城里的暴力犯罪、黑帮混战及恐怖袭击。此外，他们还得在乡村开展行动。

表面上，南非侵略了邻国。葡萄牙人离开后，南非部队进入安哥拉和莫桑比克对抗"西南非洲人民组织"（SWAPO），后者早已在纳米比亚与南非部队交战。其他部队则协助罗德西亚政府抵御其内部的革命，直至1980年的选举彻底改变罗德西亚的政治面貌为止。最终，政治变动在南非创造了一个崭新的局面：种族隔离制度被废除，成立了一个被世界广泛接受的国家。

技术参数	
制造国：南非	枪口初速：980米/秒
年份：1982	（3215英尺/秒）
口径：5.56毫米（0.219英寸）	供弹方式：35或50发弹匣
使用M193弹药	射程：500米（1640英尺）
动作方式：导气式	全长：1005毫（39.6英寸）
枪管长：460毫米（18.11英寸）	重量：4.3千克（9.48磅）

▲ **维克特（Vektor）R4突击步枪**
1986年配属于驻安哥拉的南非安全部队

维克特突击步枪是从以色列的加利尔步枪衍生出来的，坚固且可靠。车组乘员配发的是它的卡宾型，即R5，主要装备警队。

▲ **打击者霰弹枪**
1990年配属于南非安全部队

打击者霰弹枪通过使用旋转式弹鼓解决了霰弹枪弹药容量有限的问题。但其再次装填较慢，这是因为只能从一个固定的装填口装填子弹。

技术参数	
制造国：南非	枪管长：304毫米（12英寸）
年份：1985	或457毫米（18英寸）
尺寸/口径：12号	枪口初速：可变射速
动作方式：转轮式	供弹方式：12或20发容弹量
重量：4.2千克（9.25磅）	旋转式弹轮
全长：792毫米（31.18英寸）	射程：100米（328英尺）

▲ **米尔科姆MGL**[1]
1995年配属于南非陆军

该连发榴弹发射器是一种轻型40毫米（1.57英寸）半自动榴弹发射器，可快速连续发射6发榴弹。它可被用作战场支援武器，或用于安保场合——对某目标发射低威力弹药。

技术参数

制造国：南非	枪管长：300毫米（11.8毫米）
年份：1983	枪口初速：76米/秒
口径：40毫米（1.57英寸）	（249英尺/秒）
动作方式：双动式	供弹方式：6发旋转式弹轮
重量：5.3千克	射程：400米（1312英尺）
（11.68磅）	全长：778毫米（30.6英寸）

海湾战争：联合部队 1991

1991年海湾战争拼凑起一支多国联军部队来对抗庞大但陈腐的伊拉克军队，经历了100小时的快速地面战后，伊拉克军队被击败。

伊朗和伊拉克的气氛一直很紧张，伊朗伊斯兰革命推翻国王并驱逐了伊朗王室后，伊拉克就入侵了伊朗。伊朗拥有大量的现代装备，但缺乏技术人员好好利用这些武器。这次战争渐渐变成拥有现代苏式装备的伊拉克部队与大量伊朗步兵之间的战争。尽管战争的伤亡率很高，两伊仍处于对峙局面。1988年，停火决议终结了两伊战争。

两伊战争末期，伊拉克经济遭到严重破坏，为偿还战争贷款，伊拉克在科威特和沙特欠下了巨额债务。伊拉克提出的减免债务的要求被拒绝，因此，伊拉克总统萨达姆·侯赛因决定使用军事手段来解决这个问题。入侵科威特不仅能消除伊拉克的债务，还能增加伊拉克的石油储量，强大国家。

入侵开始于1990年8月2日。那时的伊拉克陆军是世界上规模最大的几支军队之一，他们在踩躏科威特方面毫无困难。看起来伊拉克接着很可能去入侵沙特。联合国出台了一份决议案要求伊军撤出科威特，而且还对伊拉克实行了经济制裁。除非能得到各种让步，否则伊拉克拒绝撤军，这对其他国家来说，是不能接受的。对此，联合国的回应是，为伊拉克的撤军设立一个最后期限——1991年1月15日——如果这天还未撤兵，就将采取军事行动消除伊拉克在科威特的存在。

---

① 即"Multiple Grenade Launcher"的缩写，意思是"连发榴弹发射器"。

美军步兵排，1991	
单位	人数
排指挥部	
排长	1
排军士	1
排无线电员	1
机枪手	2
助理机枪手	2
步兵班1	
班长	1
火力小组（×2）	
小组长	1
步枪手	1
自动步枪手	1
掷弹手	1
步兵班2	
班长	1
火力小组（×2）	
小组长	1
步枪手	1
自动步枪手	1
掷弹手	1
步兵班3	
班长	1
火力小组（×2）	
小组长	1
步枪手	1
自动步枪手	1
掷弹手	1

▲ 军训演练

"沙漠风暴"行动期间，来自第22海军陆战队远征作战单位的陆战队员们正在训练。前排的陆战队员装备的是一支M16A2步枪，加挂了M203榴弹发射器。

美军轻步兵排组织情况

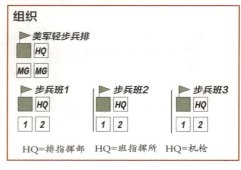

组织

  ▶ 美军轻步兵排
  HQ
  MG MG

▶ 步兵班1   ▶ 步兵班2   ▶ 步兵班3
HQ   HQ   HQ
1 2   1 2   1 2

HQ=排指挥部 HQ=班指挥所 HQ=机枪

沙漠盾牌行动/沙漠风暴行动

由此展开的"沙漠盾牌"行动，有多个国家的军队参与。主要兵力来自美国和英国，但他们只是国际联军的一部分，联军包括许多阿拉伯国家。聚集兵力需要时间，而就在这段时间，为地面决定性行动的准备工作已经以空袭开场了。这么做的目的是通过瘫痪伊拉克的基础设施、袭击指挥所和军队集结地来削弱伊拉克的作战能力。针对伊拉克部队的行动代号就是"沙漠风暴"。

联合部队受到联合国决议的限制——将伊拉克人从科威特赶出去。入侵伊拉克推翻萨达姆政权令许多人向往，但这并未得到联合国授权，因此不能被考虑。当然，这并不代表不可以入侵伊拉克。

特种部队侦察小队被安插进来收集情报，并定位伊拉克的"飞毛腿"导弹机动发射器。因为经常只能靠步行，他们轻装上阵，但携带了很强的火力。最常见的武器有轻机枪和突击步枪，有时后者还附带有枪挂榴弹发射器。尽管侦察小队的武器和伊军相似，但他们的技术水平、进取心和自信心使他们武器的战斗效能倍增。特种部队也可以呼叫直升机和喷气式飞机，两者往往使用激光制导炸弹消灭地面部队发现的目标。

▲ M16A2步枪
1991年2月配属于位于眼镜蛇前进基地的美军第101空降师

M16A2是M16的早期型号改进而来的。由于不能全自动射击，它加装了点射限制器，使枪手可以选择单发射击或3发连发点射。

技术参数

制造国：美国	枪口初速：1000米/秒
年份：1984	（3280英尺/秒）
口径：5.56毫米（0.219英寸）	供弹方式：30发弹匣
使用M193弹药	射程：500米（1640英尺）
动作方式：导气式	以上
重量：2.86千克（6.3磅）	全长：990毫米（39英寸）
枪管长：508毫米（20英寸）	

▲ M21狙击步枪
1991年2月配属于进攻贾里巴（又译杰利拜）机场的美军第24步兵师

M21狙击步枪被证明能够有效地消灭分散分布的支援武器据点，这些据点对不那么精确的轻武器有更强的抵抗能力。

技术参数

制造国：美国	枪管长：559毫米（22英寸）
年份：1969	枪口初速：853米/秒
口径：7.62毫米（0.3英寸）	（2798英尺/秒）
使用北约制式弹药	供弹方式：20发弹匣
动作方式：导气式，自动装填	射程：800米（2625英尺）
重量：5.55千克	以上
（12.24磅）	全长：1120毫米（44.09英寸）

技术参数

制造国：美国	枪管长：838毫米（33英寸）
年份：1986	枪口初速：843米/秒
口径：12.7毫米（0.5英寸）	（2800英尺/秒）
/0.5英寸勃朗宁机枪弹	供弹方式：10发弹匣
动作方式：枪管短后坐式，	射程：1000米（3280英尺）
半自动发射	以上
重量：14.7千克（32.41磅）	全长：1549毫米（60.98英寸）

▲ 巴雷特M82A1反器材步枪
1991年2月配属于在伊拉克南部活动的美军特种部队

反器材狙击步枪被用来消灭敌军指挥部、控制性设施及轻型车辆。敌军开始地面进攻时，它能麻痹敌军。

狙击武器

狙击手们在地面战役中也扮演了重要角色。他们不仅能射杀军官、电台操作员这样高价值的人员，配备了M82A1重型反器材步枪的狙击手还能摧毁装备。他们的主要目标是通信和雷达设备，此外，车辆的发动机，甚至是重武器，也能被精确射击化为无用之物。如果某个机枪手被狙击手射杀了，另一个人可以接着当机枪手，但如果该机枪被穿甲弹毁了，那它在任何人的手中都没用了。

传统正规地面战主要发生在战役末期，即联军攻击伊拉克部队的时候，但这之前也有冲突。1月下旬，沙特阿拉伯城市哈夫吉遭到攻击。这次进攻开始是成功的，只遇到轻微抵抗，但沙特和美国海军陆战队发动的反击将伊拉克军队赶出了城市。

技术参数

制造国：比利时	重量：6.83千克（15.05磅）
年份：1982	枪口初速：915米/秒
口径：5.56毫米（0.219英寸）	（3000英尺/秒）
使用北约制式弹药	供弹方式：30发弹匣或100发
动作方式：导气式，气冷式	弹链
全长：1040毫米（40.56英寸）	射速：750—1100发/分钟
枪管长：466毫米	射程：2000米（6560英尺）
（18.34英寸）	以上

▲ **FN米尼米轻机枪**

1991年2月配属于进攻科威特城的美国海军陆战队第1师

该枪在美军中的服役代号为M249，在实战中被作为班组支援武器加装在车辆上，也被用在防御阵地上，担负通用机枪的角色。

▲ **L85A1（SA80）突击步枪**

1991年2月配属于进攻伊拉克南部的英军第1装甲师第4机械化旅

该枪比原型L85大有改进，L85A1长度较短，对机械化部队来说是优点，快速行动时，机械化部队的人员可能得快速上下车。大多L85步枪加装的光学瞄准镜是一种极其有用的监视工具，赋予了每个士兵在安全距离上观察情况的能力。

技术参数

制造国：英国	枪管长：442毫米(17.4英寸)
年份：1985	枪口初速：940米/秒
口径：5.56毫米（0.219英寸）	（3084英尺/秒）
使用北约制式弹药	供弹/弹匣：30发弹匣
动作方式：导气式	射程：500米（1640英尺）
重量：3.71千克（8.1磅）	全长：709毫米（27.9英寸）

地面战役

解放科威特的地面战役开始于1991年2月23日，其特点是短暂但特别密集的机动装甲战斗。联军的先头部队是美英装甲作战单位，坦克比伊拉克军队的T-72先进。更重要的是，联军装甲部队的训练更好，且拥有完全的空中优势。

这是一场标准的装甲突破，接着装甲部队席卷伊军防线。有装甲车辆支援的机械化步兵得以快速推进并打的敌军措手不及。自认为处于后方安全地带的炮兵、指挥部和后勤运输编队很快被击溃，即便是掘壕固守的步兵和装甲部队，也被从侧翼包抄或被赶出阵地。

伊拉克陆军快速崩溃后向北逃走，他们遭到联军地面部队的追赶和空军的打击，大量装甲车被遗弃，再无可能阻止联军向巴格达推进。然而，这超出了联军的行动范围，萨达姆·侯赛因政权因此幸免于难。

其他行动与装甲进攻同时进行。美国和阿拉伯部队（包括人数众多的美国海军陆战队分遣队）进入科威特城，空降部队夺占了空军基地。有时，这些攻击行动得到了机械化部队的支援，另一些时候是空降兵。

地面攻势经历100小时高强度的战斗后暂停，伊拉克陆军陷入全面战斗，科威特被解放。随后而来的停火变成了永久性停火，因此，萨达姆·侯赛因得以残酷镇压占领科威特失败后发生的暴动。那时就有人预测，他们"将再干一次这档子事"，即在未来的某个时刻再次攻打伊拉克。2003年，这一预言成真了。

战斗中的L85

海湾战争是英国人使用新L85突击步枪的首次大战。该武器早期版本的各种问题都

英军步兵排（机械化），1991		
单位	装备	数量
排	步兵战车	1
指挥官	SA80突击步枪	1
军士	SA80突击步枪	1
电台操作员	SA80突击步枪	1
迫击炮手	51毫米迫击炮	1
1班	432型装甲人员运输车	1
火力小组1		
指挥下士	SA80突击步枪	1
步枪手	SA80突击步枪	1
步枪手	SA80突击步枪	1
轻机枪手	轻机枪	1
火力小组2		
2等指挥上等兵		
（代理下士）	SA80突击步枪	1
步枪手	SA80突击步枪	1
步枪手	SA80突击步枪	1
轻机枪手	轻机枪	1
2班	432型装甲人员运输车	1
火力小组1		
指挥官	SA80突击步枪	1
步枪手	SA80突击步枪	1
步枪手	SA80突击步枪	1
轻机枪手	轻机枪	1
火力小组2		
2等指挥上等兵		
（代理下士）	SA80突击步枪	1
步枪手	SA80突击步枪	1
步枪手	SA80突击步枪	1
轻机枪手	轻机枪	1
3班	432型装甲人员运输车	1
火力小组1		
指挥官	SA80突击步枪	1
步枪手	SA80突击步枪	1
步枪手	SA80突击步枪	1
轻机枪手	轻机枪	1
火力小组2		
2等指挥上等兵		
（代理下士）	SA80突击步枪	1
步枪手	SA80突击步枪	1
步枪手	SA80突击步枪	1
轻机枪手	轻机枪	1

被严酷的沙漠条件激化，频频发生故障使它不再被接受。L85在多沙、多土的环境下难于保养。实际经验促使该武器得到了一系列修订和升级，最终产生了L85A2型步枪——它赶上了2003年的伊拉克战争。

英国陆军步兵排（机械化），1991

　　每个排由三个班组成，每个班都有自己的支援武器，这使他们可以自由选择战术。其他部队交替开火前进时，"两个排在前，一个排在后支持"的传统安排使一个排作为预备队，这也是许多国家使用的步兵战术的基础。

排指挥部（3支L85A1、1具50毫米迫击炮）

1班（6支L85A1、2支L86A1 LSW^①）

2班（6支L85A1、2支L86A1 LSW）

3班（6支L85A1、2支L86A1 LSW）

▲ **L96A1狙击步枪**
1991年2月配属于在伊拉克的英国陆军第22特别空勤团

L96A1步枪于1982年进入英国陆军服役，其远距离上的精度被证明在开阔的沙漠很有价值。这种狙击步枪参与了20世纪80年代中期以来英军部队的每次冲突。

技术参数	
制造国：英国	枪管长：654毫米（26英寸）
年份：1982	枪口初速：840米/秒
口径：7.62毫米（0.3英寸）	（2830英尺/秒）
使用北约制式弹药和其他弹药	供弹方式：10发弹匣
动作方式：旋转后拉枪机	射程：1000米（3280英尺）
重量：6.2千克（13.68磅）	全长：1163毫米（45英寸）

---

① SA80枪族中的L86A1"轻型支援武器"，实际是一种轻机枪。

美军相信火力再多也不会嫌多，决定采购现成的FN米尼米轻型支援武器——M249班用自动武器。不像有些国家基于步枪发展的那些轻武器，M249是一款真正的轻机枪，有可快速替换的枪管，弹链供弹可提供较大携弹量。像大多数武器一样，M249在沙漠中偶尔也会出故障，但多数部队对其火力、轻便和可靠性印象良好。

▲ L86A1 LSW
1991年2月配属于正在巴廷干谷的英军皇家燧发枪团

L86是L85突击步枪的枪管加重后的改型。它较为精准，任何步兵都可使用，但它缺乏真正通用机枪所具有的那种持续火力。

技术参数	
制造国：英国	枪管长：646毫米
年份：1985	（25.43英寸）
口径：5.56毫米（0.219英寸）使用北约制式弹药	枪口初速：970米/秒（3182英尺/秒）
动作方式：导气式，气冷式	供弹方式：30发弹匣
重量：5.4千克（11.9磅）	射程：1000米（3280英尺）
	全长：900毫米（35.43英寸）

▲ L7A1/A2（FN MAG）
1991年2月配属于位于伊拉克南部的英王私人苏格兰边民团

虽然已经被英国陆军制式轻型支援武器L86A1 LSW取代，大量FN MAG（在英军中的代号为L7）仍出现了海湾地区。

技术参数	
制造国：比利时	枪管长：546毫米（21.5英寸）
年份：1955	枪口初速：853米/秒（2800英尺/秒）
口径：7.62毫米（0.3英寸）使用北约制式弹药	供弹方式：弹链供弹
动作方式：导气式，气冷式	射速：600—1000发/分钟
重量：10.15千克（22.25磅）	射程：3000米（9842英尺）
全长：1250毫米（49.2英寸）	

海湾战争：伊拉克军队 1991

1991年的伊拉克陆军曾是世界上最庞大的军队之一，装备了大量的坦克。但其力量却有那么一点不实际。

伊拉克陆军，因指挥官缺乏主动性和巴格达政客们的习惯性干涉遭到削弱。在情况最好的时候，这些因素只减缓了伊拉克军队的反应速度。指挥、控制和通讯在联军的空中打击下都遭到严重削弱时，伊军就是灾难的预备牺牲品。通讯问题是个双向问题：领导人不能获得关于局势的准确信息，他们的指示经常是过时的，或者在传达过程中这些指示丢了。

伊拉克军队也被内部问题困扰着。伊军中最精锐的部队属于共和国卫队——其政治职能与军事职能不相上下。共和国卫队得到了比其他常规部队更好的薪资、福利、装备（还有其他好处），这么做的目的是为了保证这支军队的可靠性。

伊军是应征组织，领导和训练水平都很差，配备的也是老旧武器。他们缺少激情，

容易溃散逃亡。伊军的作战理论与武器最初都来自苏联，此外，也有一些中国提供的武器。因此，他们面对英美装甲部队的高端武器时会落于下风。

入侵科威特是共和国卫队领导的，他们的装甲部队能彻底压垮毫无准备的科威特。突击队对科威特城和重要的军事设施发动了突然袭击。两天之内，抵抗就结束了，占领由此开始。奇怪的是，对沙特阿拉伯的侵掠被击退后，伊拉克再无继续侵犯的倾向。

随着联军兵力的继续增加，伊拉克部队的部署具有高防御性，挖坑埋掉坦克将其作为地堡并建立起强大的静态防御点。这种战术在此前的战争中对付装备差但狂热的伊朗步兵群很有用，但在对付联军时，伊拉克军队被诱使发动攻击，并因此而失败。

技术参数	
制造国：苏联	枪管长：400毫米（15.8英寸）
年份：1974	枪口初速：900米/秒
口径：5.45毫米（0.215英寸）	（2952英尺/秒）
使用M74子弹	供弹方式：30发弹匣
动作方式：导气式	射程：300米（984英尺）
重量：3.6千克（7.94磅）	全长：943毫米（37.1英寸）

▲ **AK-74突击步枪**
1991年配属于在麦地那岭作战的共和国卫队麦地那师

AK-74步枪曾装备共和国卫队，可根据枪托上的长凹槽区分AK-74、AK-47和AKM步枪（所用弹药不同）。

由于对联军的空中打击无有效的反制措施，伊军逐渐被拖垮。伊军很多单位因空袭——特别是美军B-52轰炸机发动的地毯式轰炸——遭到动摇。空投的即将进行毁灭性空袭的传单，时不时引发伊军发生大规模溃逃。虽然如此，伊军仍坚守其阵地。

联军地面攻势将大量部队引向了几个关键地，一旦达成突破，整条防线就遭遗弃。伊军唯一的机会是发动一次装甲反击。伊军虽然发动了一些零碎且无组织的局部攻势，真正的反击却未发生。这部分归功于联军成功隐瞒了主攻地点，当然，也是因为伊军缺乏主动性。不过，伊拉克军队仍采取了一些僵硬的行动。共和国卫队比伊军其余作战单位更倾向于坚守其阵地，但它最终还是被联军持续的进攻压垮了，在联军大规模的空袭下向北方逃走。

在科威特城，伊拉克多数部队只象征性地抵抗了一下就投降或试图撤走。最激烈的战斗发生在机场，伊军顽强抵抗着美国海军陆战队和科威特部队。一旦这里的战争结束，伊军将不再出现在科威特。

▲ AKS-74突击步枪
1990年8月配属于驻科威特城的伊拉克陆军"真主师"

在行进中，AK-74的短版AKS-74步枪，在枪托折叠状态下，非常适合进行不精确的"扫射后祈祷能打中"射击。城市战时，即使不特别有效，这种射击也很常见。

技术参数

制造国：苏联	枪管长：400毫米（15.8英寸）
年份：1974	枪口初速：900米/秒
口径：5.45毫米（0.215英寸）	（2952英尺/秒）
使用M74子弹	供弹方式：30发弹匣
动作方式：导气式	射程：300米（984英尺）
重量：3.6千克	全长：枪托展开状态下为943
（7.94磅）	毫米（37.1英寸）

技术参数

制造国：苏联	枪管长：658毫米（25.9英寸）
年份：1974	枪口初速：960米/秒
口径：5.45毫米（0.215英寸）	（3150英尺/秒）
使用M74子弹	供弹方式：30或45发弹匣
动作方式：导气式，气冷式	射程：2000米（6560英尺）
重量：9千克	以上
（19.84磅）	全长：1160毫米（45.67英寸）

▲ RPK-74
1990年8月配属于驻科威特亚尔阿特拉夫（Jal Atraf）的汉谟拉比装甲师

RPK-74与AK-74一样，易于维护和使用。对一支训练极其糟糕的应征部队来说，武器方便耐用非常重要，因为复杂的武器可能很快就会不运转了。

维和部队，非洲 20世纪90年代—21世纪初

维和是一支军队所能执行的任务中最难的任务之一，它要求在紧张和危险的环境下有耐心且能不屈不挠。

大多数国家的武装力量都是为了进行战斗才被组织和训练的，譬如，公开冲突时与敌方主要力量接战。然而，这种冲突相对较少。近年来，武装力量卷入"类似战争的局面"的情况变得很普遍——没明确的敌人或试图维持地区和平。这与作战不同，执行任务时不能依靠坦克或空中力量。这种任务由步兵及配备了轻武器和支援武器的轻型车辆执行。

维和是一种"别人可以看见你在那里"的行动，地面部队扮演障碍物的角色。其他情况时，维和部队必须积极地保护受害者或是难民。援助人员或救援物资通常是抢劫和敲诈勒索的目标，因此也必须有维和部队的保护。

维和在某种程度上不同于镇压革命分子，虽然两者有时有共通之处。镇压革命分子的部队主要任务是处理游击队员或恐怖分子，而维和部队则只能在自卫时战斗。维和人员常常遭到攻击却不能进行报复，也不能先发制人，这尤其让人觉得沮丧。

20世纪90年代，联合国辖下的维和部队被派遣到索马里保护那里的人道主义援助人员。内战和部族冲突使极度贫困的索马里发生了大规模饥荒，外部又很难提供帮助。给难民的救援物资被偷走，并在黑市上出售，所得款项么被用来购买武器，要么被这个或那个部落的准军事组织占用。这种情况下，维和人员的任务就是保护援助人员和非战斗人员，同时也要保护通往平民的补给线。

经过多年努力，索马里的情况有所改善，无辜者遭受的苦难也因国际努力有所减

▲ FR-F1狙击步枪
2005年5月配属于驻扎在刚果（金）加丹加省的联合国驻刚果（金）稳定任务部队

FR-F1步枪精度很高，必须避免非战斗人员死伤时，这一点尤其重要。受作战条例限制或可能发生附带伤亡时，维和人员往往不能直接射击明显的敌人。

技术参数

制造国：法国	枪管长：552毫米
年份：1966	（21.37英寸）
口径：7.5毫米（0.295英寸）	枪口初速：852米/秒
动作方式：旋转后拉枪机	（2795英尺/秒）
重量：5.2千克（11.46磅）	供弹方式：10发弹匣
全长：1138毫米（44.8英寸）	射程：800米（2625英尺）

轻——如果没有维和人员阻止暴行（至少是一些暴行），确保救援物资和款项到达需要的人手里，这些情况都不可能出现。

索马里只是一个例子，但这种情形实在是太普遍了。为期五年（1998—2003）的战争在刚果（金）造成数千人死亡，因为疾病和饥荒而死的人与因为暴行而死的人一样多。2000年，联合国向刚果（金）派了一支维和部队，试图能够持久停火。2003年，这场冲突宣告结束。在这些地方，和平很脆弱，而且通常只有在得到支持后才能够维持下去。讽刺的是，和平需要武力。

<table>
<tr><td colspan="2">技术参数</td></tr>
</table>

技术参数	
制造国：英国	全长：780毫米（30英寸）
年份：1985	枪管长：518毫米（20英寸）
口径：5.56毫米（0.219英寸）	枪口初速：940米/秒
动作方式：导气式，	（3083英尺/秒）
枪机回转闭锁	供弹/弹匣：30发弹匣
重量：4.13千克（9.10磅）	射程：500米（1640英尺）

▲ **L85A2**
2008年11月配属于在索马里海岸附近的英国皇家海军陆战队

与L85A1一同配发的弹匣是铝制的且不耐用。L85A2有三种弹匣，包括塑料制成的麦格普出口型弹匣。从2007年起，L85A2加装了皮卡汀尼导轨和可选式手柄。

▲ **L110A1 伞兵型轻机枪**
2000年9月配属于赶赴塞拉利昂的皇家爱尔兰团

英国陆军使用FN米尼米轻机枪的一种版本——L110帕拉（Para），枪管更短，采用滑动枪托。该枪是班用支援武器，火力比L86轻型支援机枪更强。

技术参数	
制造国：比利时	重量：6.83千克（15.05磅）
年份：1982	枪口初速：915米/秒
口径：5.56毫米（0.219英寸）	（3000英尺/秒）
使用北约制式弹药	供弹方式：30发容弹量北约
动作方式：导气式，气冷式	标准化弹匣或100发弹链
全长：1040毫米（40.56英寸）	射速：750—1100发/分钟
枪管长：466毫米	射程：2000米
（18.34英寸）	（6560英尺）以上

第四章

拉丁美洲，
1950年至今

拉丁美洲的许多国家原本是欧洲殖民地，它们是在革命和内
战中独立建国的。

其中有些国家获得了持久的稳定，

但是，有些国家的内忧外患常常演变成为战争，这种历史由
来已久。

20世纪下半叶，拉丁美洲受到一系列革命的摧残——支持共
产主义或靠共产主义支撑的政权要取代现政权。

这种情况引起了美国的深切关注，美国不希望共产主义在其
"后院"取得立足之地。

◀ **武装斗争**

1958年1月，古巴革命领导人菲德尔·卡斯特罗（戴眼镜者）为游击队员提供
射击指导。这些战士是在马埃斯特腊山（古巴中部的山区）加入卡斯特罗的。

简介

一场革命的成功需要领袖、广泛支持和武器或资金来源。革命分子可以得到以上三者的地方，现政府都遭到了严重威胁。

拉丁美洲的人民并不比其他地区的人更易于革命。每个地方的人，都不希望被过度干扰。武装暴动、政府制暴措施，将会大大影响普通民众的生活。因此，对希望发生一场革命的人来说，革命必须得有特别的原因。

一场革命能通过受欢迎的领袖传导给人民，至少在某种程度上是。然而，为了使普通人甘愿革命，现状对他们来说必须是不可忍受的。种种原因都可以产生转折点：对一些事情感到愤怒，譬如政治性逮捕、公然的政府贪污、由饥荒或生活条件差引起的绝望、必须支持激进的政治或宗教。

只要有足够的民众支持，革命团体就能摆脱政府反制措施的影响，并夺取政权。没有这种支持的话，唯一办法就是继续斗争，直到对方在谈判桌上让步。同样，政府可能通过镇压就平定了革命，但镇压引起的仇恨随后可能引发另一场革命。总的来说，为了阻止革命，没有必要取悦所有人，事实上，也没必要取悦任何人。阻止革命只需要，不在同一时刻激怒太多人。当同一时刻愤怒的人过多时，政府就倒台了。

▼ 斯特林部队

1982年战争期间，英国皇家海军陆战队军官和士兵在福克兰群岛[1]为照相摆好姿势。他们中许多人装备了L2A3斯特林冲锋枪——战争期间配发给现役军官的。朝鲜战争至海湾战争（1991），英军一直使用该枪。为期40年的生产时间里，该枪总产量达40万支。

---

[1] 拉美国家和中国大陆称马尔维纳斯群岛，其他国家或地区称福克兰群岛。

▲ **斯特林部队**

1982年11月，危地马拉政府军在基切省接受检阅。他们装备着各种武器，包括以色列制造的加利尔ARM轻机枪[2]。

共产主义革命的浪潮从1959年起席卷拉丁美洲，这使美国担忧，每次革命都会引起发其他革命。这种"多米诺骨牌理论"认为，一连串成功的革命可能会传遍拉丁美洲，并在那里创造出多个亲共产主义的政权。事实并非如此，只有古巴革命成功了。

其他革命被镇压下去或通过谈判得以解决。有些革命继续着，尽管没影响国家的运转，但造成了严重的经济损失，给人民带来了灾难。美国曾介入这种冲突，最主要的原因是要遏制共产主义，但美国支持亲美的政府或反叛团体也出于强烈的经济原因。

美国有些干涉是赤裸裸的，有些则不那么明显。通常，国际社会不赞成某个国家支持革命分子反对他们国家的合法政府，无论这个政府多么腐败、多么专制。与革命分子打交道时，偷偷摸摸或低调的支持是极其重要的——倘若胜利，这些革命分子总有机会倒向海外支持者。

国际斗争

内部矛盾通常是引起拉丁美洲外部冲突的一个原因。1982年，阿根廷入侵福克兰群岛，是阿根廷与英国关于福克兰群岛所有权问题积年争端的一部分，但这次入侵也分散了阿根廷民众对国内矛盾的注意力，并降低了阿根廷政权不受欢迎的程度。

这是一种常见的政治手腕——制造广受欢迎的事业，譬如对外战争，以便为一个不受欢迎的政府争取支持。真的胜利或宣称胜利能带来好处，但战败通常意味着更不受欢迎，并且可能导致政府垮台。

---

② 图中更多是加利尔AR突击步枪，即其标准型，有些用35发弹匣，有些用50发弹匣。

古巴革命 1956—1959

尽管早期遭到近乎致命的挫折，菲德尔·卡斯特罗在古巴发动的革命仍很成功。革命成功的主要原因是古巴政府缺少民众的支持。

富尔亨西奥·巴蒂斯塔将军是一个独裁者，他从1952年政变后开始上台执政。政变抢在大选前发生，那场大选原本被寄予厚望，希望能够产生一个没前政府那么腐败的新政府。结果，巴蒂斯塔仅把治理国家看作自己和亲信赚钱的手段。

巴蒂斯塔的政变和随后建立的政府遭到了反对——起初，这种反对是通过完全合法的渠道——反对者的领头人是一个名叫菲德尔·卡斯特罗的年轻政治家。由于不能阻止巴蒂斯塔夺权，卡斯特罗逃往国外，为发动自己视作最后一招的武装斗争寻求支持。

1956年12月，为了呼应古巴岛上各地的革命，卡斯特罗和不到100名的支持者在古巴登陆。这次革命被安全部队镇压下去，卡斯特罗的队伍在登陆后短短几天就被古巴军队制约了。这次遭遇战中，只有略多于一打的人逃生。然而，对卡斯特罗来说，幸运的是，巴蒂斯塔的部队并未接受过镇压革命分子的训练且缺乏对政府的忠诚。军队中有些势力反对巴蒂斯塔，而且大部分人也不喜欢新政府。卡斯特罗新招募的人就来自他们。

革命者没有真正的国际支持，因此不得不从黑市购买武器。他们用能得到的任何武器来武装自己，这些武器很多都是二战时期制造的，而且来自东欧。其他一些武器则是从政府军那里缴获来的，这样一来，随着冲突的继续，革命者的装备逐渐变好。

卡斯特罗谨慎行事，先攻击富人糖厂这样的"软"目标。当政府军笨拙地回击时，

▲ **汤普森M1928冲锋枪**
1956年5月配属于在马埃斯特腊山作战的古巴政府军

在城市和密林地带近距离伏击时，汤普森冲锋枪是理想武器。当幸存者从掩蔽物出现时，革命分子能输出使敌人畏缩的火力并快速逃离。

技术参数

制造国：美国	枪口初速：280米/秒
年份：1928	（920英尺/秒）
口径：11.4毫米（0.45英寸）	供弹方式：20、30发弹匣或
使用M1911手枪弹	50、100发弹鼓
动作方式：半自由枪机式	射程：120米（394英尺）
重量：4.88千克（10.75磅）	全长：857毫米（33.75英寸）
枪管长：266毫米（10.5英寸）	

▶ 人民的力量

1958年12月，攻打圣克拉拉城战斗期间，古巴革命者们正在攻击政府军位于卡玛瓦尼的一处据点。画面中间的这个战士正将一挺一战时期的刘易斯轻机枪架在临时街垒上。

卡斯特罗的部队往往在制造一点小伤亡后就与政府军脱离接触。卡斯特罗使用狙击手干掉热衷于追捕革命分子的政府军，以此来威慑政府。有选择地参加他们能够打赢的那些战斗，卡斯特罗向人们证明了他的革命值得支持。与此同时，作为回应，巴蒂斯塔的部队发动了一场或多或少具有恐吓和压迫性质的战役。那些反对巴蒂斯塔但与这场革命无关的政治人物遭到了安全部队的谋杀。

大部分政府军装备美国武器，如汤普森冲锋枪和M1伽兰德步枪。部分伽兰德步枪是通过"曲线救国"的复杂交易得来的——美国军火商从英国购买二战时期的租借枪，然后再将这些枪提供给古巴武装部队。

到1958年，卡斯特罗开始在农村和城市得到大量支持。虽然政府军安全部队的装备比卡斯特罗的要好，但他的部队在数量上开始可以与政府军相媲美。5月，政府军在东方省引诱革命分子发起行动，以便击败他们。

这次行动是一场惨败，尽管有空中支援，政府军仍遭到伏击或被打得丢盔弃甲。这次胜利鼓舞卡斯特罗抓住机会在古巴岛发动一场全面进攻。古巴政府军因最近战败而士气低落，在随后的遭遇战中表现欠佳，很快就被击败了。结果，政府军士气更加低落。巴蒂斯塔下令为自己准备一架用于逃命且满载黄金和货币的飞机，这对局面更是有害无益。

巴蒂斯塔对古巴的控制崩溃后，他乘飞机逃离了这个国家。卡斯特罗在人民群众的热情支持中掌权。

▶ 马卡洛夫手枪
1956年5月配属于在马埃斯特腊山作战的革命分子

对希望在古巴首都街头与警方交火的革命分子来说，这种容易藏匿的马卡洛夫手枪是理想的武器。

技术参数	
制造国：苏联	枪管长：91毫米（3.5英寸）
年份：1951	枪口初速：315米/秒
口径：9毫米（0.35英寸）使用	（1033英尺/秒）
马卡洛夫手枪弹	供弹方式：8发弹匣
动作方式：自由枪机式	射程：40米（131英尺）
重量：0.66千克（1.46磅）	全长：160毫米（6.3英寸）

技术参数

制造国：美国	枪管长：610毫米（24英寸）
年份：1936	枪口初速：853米/秒
口径：7.62毫米（0.3英寸）	（2800英尺/秒）
动作方式：导气式	供弹方式：8发漏夹+内置弹仓
重量：4.37千克（9.5磅）	射程：500米（1640英尺）
全长：1103毫米（43.5英寸）	以上

▲ **M1伽兰德步枪**
1958年8月配属于驻东方省的古巴政府军

到20世纪50年代末，美军不再需要二战时期的M1伽兰德步枪，于是，成千上万支M1伽兰德步枪被卖给了古巴政府军和印度支那的法军。

危地马拉和尼加拉瓜
20世纪60年代—20世纪90年代

中美洲是数次革命和反革命的舞台，其中有些变成了东方与西方的代理人战争。

危地马拉和尼加拉瓜使用的许多武器源自西欧或东欧，大多情况下是由政府购买的，然后被反政府武装缴获或偷走。其他武器则是美国和苏联提供给不同派系的。

如在其他地方一样，苏联愿意支持这里可能会亲苏的政府革命。相反，美国因反对扩散共产主义，通常会提供武器和中央情报局顾问来训练武装人员为己所用。

中美洲的革命

随着古巴革命的成功，只要下定了决心的反政府武装似乎就能在其他许多国家取得胜利。埃内斯托·切·格瓦拉——卡斯特罗的副手之一，就是这种想法的拥护者。格瓦拉试图在玻利维亚培育一场乡村革命，却在1967年被安全部队枪毙。

格瓦拉在玻利维亚的失败大部分是因为缺乏支持。他曾经希望通过袭击政府和军事目标来创造革命成功需要的条件。在较大程度上，一般民众并没有被动员起来去参加革命或支持革命。格瓦拉没明白的是，一场革命的成功需要机遇——它不能简单地被强加于人。

在危地马拉，由于政府公然腐败，的确有适当的机会。军事政变和虚假的选举创造了一系列军政府，它们损害经济、取消广受欢迎的社会改革。

大部分民众愤愤不平，而有些人，比如土著玛雅人，则遭到残忍的迫害。1960年，危地马拉内战正式打响。一伙军官发动了一场推翻现有政府的军事政变，同时，城市里也开始游击战。这些都是独立的事件，并且轻易就被扑灭了。军队里的革命分子跑到边远地区，在MR–13（11月13日革命运动）——名字来自未遂政变的日期——旗帜的领导下开始了长期的内战。

108

腐败的危地马拉政府能得到美国中央情报局的支持，大部分是因为它的反左倾性质。对美国而言，腐败的危地马拉总比共产主义的危地马拉要好。美国顾问被派去协助危地马拉政府应对革命。一支独立的革命组织也于1968年融入MR-13。这个名叫FAR（反抗武装力量）的组织由不同团体组成，而且缺乏凝聚力。由于其武装力量在乡村没有立足之地，他们就移入城市以便跟上巴西共产党人卡洛斯·马里盖拉[1]提出的革命战争原则。希望通过将安全部队吸引到城市的办法，来减轻乡村革命分子所受的压力。危地马拉政府以极端残忍的手段回应革命，允许义务警员可按自己意愿行事。在城镇，装备着他们能得到的任何武器的革命分子与组织更好也更无情的安全部队发生了血腥冲

▲ FN49步枪
20世纪60年代配属于危地马拉安全部队

阿根廷、巴西、哥伦比亚和委内瑞拉安全部队曾装备过FN49。FN49参与了20世纪60年代末在里约热内卢爆发的安全部队与革命分子的重大巷战。

技术参数

制造国：比利时	全长：1116毫米(43.54英寸)
年份：1949	枪管长：590毫米
口径：各种口径，包括8毫米	（23.23英寸）
（0.314英寸）口径[2]	枪口初速：710米/秒
动作方式：导气式	（2300英尺/秒）
重量：4.31千克	供弹方式：10发弹匣
（9.5磅）	射程：500米（1640英尺）

▲ 麦德森M53冲锋枪
1967年5月配属于危地马拉城内的危地马拉安全部队

危地马拉政府在城市的反恐战主要依赖重火力。丹麦制造的麦德森冲锋枪从战时临时武器——如英国司登冲锋枪——那里借鉴了一些理念。

技术参数

制造国：丹麦	全长：800毫米(31.49英寸)
年份：1946	枪管长：315毫米
口径：9毫米（0.35英寸）	（12.40英寸）
动作方式：自由枪机式	枪口初速：365米/秒
重量：3.15千克（6.94磅）	（1197英尺/秒）
射程：100米（328英尺）	供弹方式：32发弹匣

---

[1] 又译卡洛斯·马里格赫拉或卡洛斯·马利凯拉。
[2] FN49的口径从7mm到7.92mm都有，这里的"8毫米（0.314英寸）"可能指"7.92毫米（0.312英寸）"。

突。然而，尽管遭到了极端镇压，革命仍持续着，1980年，革命分子得到额外的动力。

到20世纪90年代中期，危地马拉的经济已得到发展，多数民众的生活条件也得以改善。随着引发不满的原因的减少，危地马拉逐步走向和平及稳定。所以，尽管采取了极端的手段，危地马拉内战通过社会改革而不是军事行动胜利了，或至少是结束了。

尼加拉瓜

桑地诺民族解放阵线（FLSN，简称桑解阵）于1961年成立时，尼加拉瓜的冲突已经持续了很多年。桑解阵的名称来源于奥古斯托·桑地诺——领导游击队在尼加拉瓜与美军作战的游击队员。他被安纳斯塔西奥·索摩查·加西亚出卖并暗杀，后者后来在一场政变中夺权。反对索摩查的斗争时断

技术参数

制造国：苏联	枪管长：415毫米
年份：1947	（16.34英寸）
口径：7.62毫米（0.3英寸）	枪口初速：600米/秒
动作方式：导气式	（1969英尺/秒）
重量：4.3千克（9.48磅）	供弹方式：30发弹匣
全长：880毫米（34.65英寸）	射程：400米（1312英尺）

▲ **AK-47突击步枪**[1]
1978年配属于在马那瓜省的桑解阵游击队

在桑解阵夺得尼加拉瓜政权之前和之后，苏联总共向其输送了10万支AK-47。正如在其他战场上那样，坚固耐用的AK-47步枪在丛林条件下被证明是一种杰出的武器。

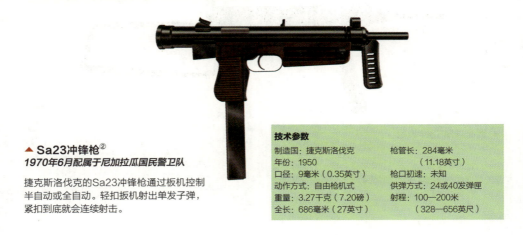

▲ **Sa23冲锋枪**[2]
1970年6月配属于尼加拉瓜国民警卫队

捷克斯洛伐克的Sa23冲锋枪通过板机控制半自动或全自动。轻扣扳机射出单发子弹，紧扣到底就会连续射击。

技术参数

制造国：捷克斯洛伐克	枪管长：284毫米
年份：1950	（11.18英寸）
口径：9毫米（0.35英寸）	枪口初速：未知
动作方式：自由枪机式	供弹方式：24和40发弹匣
重量：3.27千克（7.20磅）	射程：100—200米
全长：686毫米（27英寸）	（328—656英尺）

---

① 这是AK-47S（也叫AKS-47），即AK-47的金属折叠枪托版。
② 其木制枪托版叫Sa23，折叠金属枪托版叫Sa25。

时续，通常都不成功，直到桑解阵成立——那天通常被作为尼加拉瓜革命开始的日期。桑解阵在乡村和城市地区都开展了活动，而且赢得了自己活动区域内的人民民心。

桑解阵组织直到1972年都很小且无成果。那一年，大地震后，索摩查政府公然侵吞国际救援基金。这种做法疏远了大部分群众，并使桑解阵得到快速扩张，通过合法渠道进行的反对活动高涨起来。政府的回应是加强镇压。

1978年，游击队的一次重大胜利削弱了政府，一场军事政变没法避免。革命分子成功占领了国家宫殿并活捉了几百名政府官员。桑解阵所受的支持已经增长到了可在全国发起大规模战役的地步。

因政府军士气又低落，革命分子得到古巴和苏联提供的武器后控制了主要城市。经过激烈的城市巷战后，安全部队仍未能驱走这些游击队员，再加上国际压力及内部崩溃，索摩查政府被推翻。这是革命的"官方"结局，但内部冲突此后仍在继续。与其他拉丁美洲国家一样，对革命是否成功起决定性作用的不是武装部队，而是是否有多数民众的支持。

▲ **Vz52半自动步枪**
1979年6月配属于驻马那瓜省的尼加拉瓜安全部队

捷克斯洛伐克部队换装Vz58后，大量Vz52步枪被提供给了海外使用者。Vz52步枪参与了尼加拉瓜首都马那瓜的巷战。

技术参数

制造国：捷克斯洛伐克	全长：843毫米（33.2英寸）
年份：1952	枪管长：400毫米（15.8英寸）
口径：7.62毫米（0.3英寸）使用M52子弹或7.62毫米（0.3英寸）使用M1943弹药	枪口初速：710米/秒（2330英尺/秒）
动作方式：导气式	供弹方式：10发弹匣
重量：3.11千克（6.86磅）	射程：500米（1640英尺）以上

技术参数

制造国：美国	枪管长：508毫米（20英寸）
年份：1963	枪口初速：1000米/秒（3280英尺/秒）
口径：5.56毫米（0.219英寸）使用M193弹药	供弹/弹匣：30发弹匣
动作方式：导气式	射程：500米（1640英尺）以上
重量：2.86千克（6.3磅）	全长：990毫米（39英寸）

▲ **M16A1突击步枪**
1979年装备了美国派驻巴拿马的军事顾问

尼加拉瓜政府倒台后，美国部队在几个邻国训练和装备了数支代号为"反对"的反革命部队。

福克兰群岛战争：阿根廷部队 1982年

福克兰群岛的所有权成为英国和阿根廷的争议话题已经很多年了。1982年，阿根廷决定入侵。

在1955年，一场军事政变推翻了民选上台的阿根廷政府，代之以军政府。1972年，被放逐在外的前总统胡安·贝隆回国夺回权力，但他对改变局势无计可施。虽然乡村相对平静，但许多大城市的街头已经变成战场，特别是20世纪70年代中期。

1976年，另一场军事政变创造了另一个通过恐吓和镇压手段来把权的军政府。列奥波尔多·加尔铁里领导的这个政府试图通过一些方法来转移公众对国内问题的关注，他们选择了并不少见的对外冲突。

▶ **被缴获的轻武器**

英国部队夺回斯坦利港后，一名英军士兵正在堆放阿根廷武器。事实上，阿根廷和英国部队使用相同的轻武器，包括FN MAG、FN FAL和M1919勃朗宁0.3英寸口径机枪（图中士兵手中的枪）。

技术参数	
制造国：阿根廷	枪管长：553毫米（21英寸）
年份：1960	枪口初速：853米/秒（2800
口径：7.62毫米（0.3英寸）	英尺/秒）
使用北约制式弹药	供弹方式：20发弹匣
动作方式：导气式	射程：800米（2625英尺）
重量：4.31千克（9.5磅）	以上
全长：1053毫米（41.46英寸）	

▲ **FM FAL**

1982年6月13日配属于驻守"无线岭"的阿根廷第10机械化步兵旅第7团

FAL步枪的阿根廷版本由阿根廷国营兵工厂制造，因此有FM的代号，能全自动开火。

阿根廷宣称福克兰群岛应按西班牙语叫马尔维纳斯群岛，他们已与英国政府就其主权进行了多年的磋商。但是，福克兰群岛居民已经公投，以压倒性多数票表明他们将继续当英国人。由于觉得英国缺乏在南大西洋发动两栖战役的手段和决心，加尔铁里政府决定用武力夺取这些岛屿。

那时，阿根廷与智利正值高度紧张状态，阿根廷很多精锐部队被部署用来防御智利的进攻，包括专在寒冷环境下作战的山地部队。被送到福克兰群岛的很多应征兵则没有接受过类似训练，因此遭到相应的损失。

最初的入侵由阿根廷特种部队打头，他们收到命令要尽可能避免造成伤亡。这是希望以最小规模的部队，降低英国夺回群岛的决心。结果，岛上驻扎的皇家海军陆战队发起顽强的抵抗，直到局势明显无望才投降。

一旦岛屿安全了，就主要由水平较低的应征部队防守。阿根廷方面并未预料到英国会试图重新夺回福克兰群岛，一旦英国这么做，通过海路增援岛上据点就会因英国的潜艇成为问题。

▲ 莱茵金属公司 MG3机枪
1982年5月26日配属于驻守古斯格灵的阿根廷第3机械化步兵旅第12团

MG3机枪是阿根廷陆军的标配轻型支援武器，使用与FN FAL相同的7.62毫米（0.3英寸）弹药。

技术参数

制造国：联邦德国	枪管长：531毫米（20.9英寸）
年份：1966	枪口初速：820米/秒
口径：7.62毫米（0.3英寸）使用北约制式弹药	（2690英尺/秒）
动作方式：枪管短后坐式，气冷式	供弹方式：50或100发弹链（50发弹链可被装在弹鼓中）
重量：11.5千克（25.35磅）	射速：因枪机不同，射速为950—1300发/分钟
全长：1220毫米（48英寸）	射程：2000米（6562英尺）

技术参数

制造国：阿根廷	枪口初速：853米/秒
年份：1960	（2800英尺/秒）
口径：7.62毫米（0.3英寸）使用北约制式弹药	供弹方式：20发弹匣
动作方式：导气式	射程：500米（1640英尺）以上
重量：4.36千克（9.6磅）	全长：枪托展开时1020毫米（40.15英寸）、折叠时770毫米（30.3英寸）
枪管长：436毫米（17.1英寸）	

▲ FM FAL（伞兵部队版）
1982年5月26日配属于驻守古斯格灵的阿根廷第9步兵旅第25步兵团

折叠式枪托版的FAL步枪被伞兵部队和其他编队使用，包括第25步兵团——与美国陆军游骑兵相似的一个作战单位。

　　阿根廷驻军被强力部署在首府斯坦利港及前往斯坦利港的陆路。其他部队则被部署在战略要点或作为预备队对抗英军登陆。阿军在斯坦利港的防御力量使直接攻击变得不切实际，因此预计——这个预计是正确的——英军将在别处登陆并通过陆路向斯坦利移动。

　　阿军其他部队被部署在一些岛上，譬如南乔治岛和鹅卵石岛，但这些岛屿对福克兰群岛战争影响不大，不如西福克兰岛重要。归根结底，福克兰群岛的命运将取决于谁控制了首府和拥有主要人口中心的斯坦利港。

　　被部署到岛上的阿根廷大部分步兵只是刚刚完成了基本训练，并未根据福克兰群岛的情况接受足够的训练。他们也不能胜任机动作战任务，即便这一直是可行的。然而，因为车辆无法在该群岛大部分地区通行，该群岛又明显有几处顽强的防御阵地，应征士兵因此被指望在面对主要攻击时能坚守住阵地。

　　阿根廷部队的最大缺点就是缺乏训练，军官与应征士兵相互不信任。他们有点脆弱，在占上风时能打一场漂亮仗，面临挫折时就会崩溃。

▲ FARA 83[①]
研制中

FARA 83步枪作为FM FAL步枪可能的替代品正在研制中。可能有些样品出于战斗评估的目的被带去了福克兰群岛。

▲ FMK-3冲锋枪
1982年5月31日配属于驻守肯特山的第602突击连

FMK-3冲锋枪被研发出来以满足阿根廷陆军对于一款近战武器的需求。它的平衡性很好，足以进行单手射击。

---

① 西班牙语Fusíl Automático República Argentina的缩写，意为"阿根廷共和国自动步枪"，曾用名FAA 81，一般用缩写。

福克兰群岛战争：英军部队 1982年

被广为接受的是，一场成功的攻势需要有3∶1的兵力优势。英军毫无可能部署足够多的部队来达到这种优势。

英国对福克兰群岛被入侵一事的回应快得令人印象深刻，但受到海运能力的限制。即便将客运班轮和货船改为海军辅助船后，部署到福克兰群岛的部队也很有限。

英军试图提供足够的后勤补给和直升机，但因在福克兰群岛外抛锚的特遣部队遭到空袭而减少。只有少量蝎式和弯刀式装甲车、有限的火炮被部署上岸。福克兰群岛战役明显将会是一场步兵战。

既然不可能直接在斯坦利港登陆，圣卡洛斯港就被选作了主锚地。圣卡洛斯位于东西福克兰岛之间，是一处有好掩护的锚地，能够在英国海军的鹞式战斗机、战舰和已登陆的"长剑"导弹系统保护下免受空袭。尽管有这些预防措施，阿根廷空袭还是炸沉了多艘船只，并减少了英军地面部队能使用的资源。让人感触最深的也许是商船"大西洋运送者"号上那几架支奴干运输机的损失。

空中机动性

皇家海军陆战队和特种部队的外围行动重新夺回了南乔治岛，并摧毁了阿根廷位于鹅卵石岛上的对地攻击机，但东福克兰岛则比较难对付。英军在圣卡洛斯港的登陆没有遭到地面部队的抵抗，阿军没有发动反击。然而，靠近海岸的英方舰队则因空袭遭到了严重损失非常脆弱。

因此，有必要快速行动，但由于没多少直升机可用，机动性和后勤补给都很成问题。唯一的办法就是依赖地面部队的耐力，士兵必须像传统步兵那样携带着自己需要的东西向目标前进。建立好安全的滩头阵地后，英军首先朝着达尔文和古斯格灵挺进。进攻的部队在攻击防御严密的阵地前，被要求携带大量装备陆上行军。虽然英军人数远远少于守军，为此次任务配备的英军伞兵部队还是能穿过狭窄的地峡，发动一场成功的

▲ **L1A1自装填步枪（SLR）**
1982年5月26日配属于进攻古斯格灵的英军伞兵团第2营第3突击旅

英国版的FN FAL步枪被赋予了L1A1的代号，仅能够以半自动模式开火。那时，英国陆军单兵的精确射击比压制射击更出色。

技术参数	
制造国：英国	枪口初速：853米/秒
年份：1954	（2800英尺/秒）
口径：7.62毫米（0.3英寸）	供弹方式：20发弹匣
动作方式：导气式	射程：800米（2625英尺）
重量：4.31千克（9.5磅）	以上
枪管长：535毫米（21.1英寸）	全长：1055毫米（41.5英寸）

正面突击，并占领他们的预定目标。

通过攻占古斯格灵确保南部侧翼安全后，英国伞兵和海军陆战队到了东福克兰岛的南部。他们的目标是一系列沿海小型定居点，夺取这些地方后，就可向首府进军了。道格拉斯、蓝绿湾定居点及斯坦利港外围阵地的防御相对较弱。阿军无明显的反击，有天气原因，也有部分原因是阿军指挥官知道还有一些英军在海上。如果斯坦利港周围的防御减弱，那些人就会被用来发动直接突击。

山脊突击

与此同时，其他英军部队到了东福克兰岛的南部。钳形攻势的南北两臂都遇到了建在高地的防御阵地。必须用突击来清除山脊，突击都得到了皇家海军舰载机部队鹞式飞机和炮火的支援。这是它们自二战结束后最猛烈的轰炸。

6月6-13日，英军发动一系列战役来清除防御阵地，往往是些近距离战斗——争

夺位于山岭乱石间的阵地。尽管有些阿军不怎么抵抗，还是有部分阿军顽强奋战。

对英军有利的一件事情是地面部队中廓尔喀部队那可怕的名声。近距离战斗中，士气比什么都重要，阿根廷应征兵的士气则被廓尔喀部队的故事所动摇。有些故事被希望鼓舞其士兵的阿根廷军官不明智地传播了。

6月8日，英军攻占了布拉夫湾，建立了后勤基地，大大缓解了英军的补给问题。尽管两条登陆艇在卸货时被炸了，但仍能将部队和补给运上岸。

最后的战斗

该战役最后的战斗是清除斯坦利港山脊上方的防御阵地。6月13日晚，英军伞兵团占领无线岭。与此同时，苏格兰禁卫军突袭了危岩山。当威尔士禁卫军和廓尔喀步兵向上仰攻威廉山和工兵山的最后阵地时，阿根廷的防御崩溃。6月14日，阿军投降，没必要攻击斯坦利港了。

威尔士禁卫军团第1营步兵排步兵班，1982

福克兰群岛战争时期，英军步兵排通常由1个排指挥部和3个步兵班组成。步兵班武器如下：

2支斯特林冲锋枪、7支L1A1自动装填步枪、1挺L7A2通用机枪（外加3支M72轻型反装甲武器）

▲ L7A2（FN轻机枪）通用机枪
1982年6月13日配属于进攻危岩山的第5步兵旅第2营苏格兰禁卫军

"瘸子"（通用机枪）是英国步兵班不可分割的一部分，即便是重型武器不能用时，它也能提供有效且精确的火力支援。

技术参数			
制造国：英国		枪管长：546毫米（21.5英寸）	
年份：1961		枪口初速：853米/秒	
口径：7.62毫米（0.3英寸）		（2800英尺/秒）	
动作方式：导气式，气冷式		供弹方式：弹链供弹	
重量：10.15千克（22.25磅）		射速：600—1000发/分钟	
全长：1250毫米（49.2英寸）		射程：3000米（9842英尺）	

◀ L2A2高爆杀伤手榴弹
1982年6月12日配属于进攻哈丽特山的英国皇家海军陆战队第3突击旅第42突击队

如果运用得当的话，手榴弹在突击行动中是很有效的武器。抛出的手榴弹能被扔进直射火力不能到达的地方。

技术参数			
制造国：英国		高度：84毫米（3.25英寸）	
年份：1960		起爆方式：延期引信起爆	
类型：杀伤弹		装填物：B炸药	
重量：0.395千克（0.87磅）		杀伤范围：10米（32.8英尺）	

哥伦比亚 20世纪60年代至今

哥伦比亚政府军和各种革命团伙之间的低强度战争已持续超过50年。

哥伦比亚在20世纪60年代前遭受过各种重大动乱，中间间隔有和平时期。最近的有些暴乱可追溯到那些古老动乱，但是，当前的冲突始于20世纪60年代早期至中期。

20世纪60年代早期，哥伦比亚安全部队发动了若干次行动，目的是减少全国范围内的革命活动。革命分子被逐出城市中心，只能在非常偏远的地区建立基地，在那里，他们可以隐藏自己的行动。

然而，20世纪70年代中期，开始了新一波的城市暴动。政府的反制措施和寻求可协商的解决方案，在20世纪80年代早期已经平息了局势。直到这时，尽管革命分子的动机各有不同，冲突的本质还是政治性的。

毒品势力

20世纪80年代，局面甚至变得更加复杂了，因为毒枭成了哥伦比亚强有力的政治势力。这导致毒枭与游击队以及毒枭与政府之间的冲突。这种冲突还受到了美国要求对毒品源头采取行动的压力。

毒枭和革命分子都使用恐怖主义和刺杀来影响政治决定，除传统的绑架赎金收入外，游击队的资金越来越多地来自毒资。到20世纪90年代中期，革命分子开始直接攻击安全部队的基地，导致安全部队从某些边远地区撤离。

重新部署安全部队有某些好处，譬如，小基地不再轻易遭到攻击，但这也意味着革命分子能在很多地区自由活动。亲政府的义务警员团体开始在某些地区抵抗革命分子，所用手段与游击队的同样残忍。

毒品卡特尔组织所属的武装，有时以类似装备了步枪的轻步兵开展行动，夺取了乡村地区的控制权以阻止警察干涉他们。毒品卡特尔的枪手发现，在城市，外形小巧、方便隐藏的武器有更多优势。除手枪外，冲锋枪也受到喜爱，其中有很多来自西班牙制造商。

毒品卡特尔也参与国际武器走私，这使他们能获得各种武器供自己使用或贩卖。尽管表面上有严格的枪支管理法律，这些武器还是有部分流入了哥伦比亚的黑市。

最近几年，哥伦比亚武装部队在打击革命分子和毒枭方面已经取得一些进展，但该国的政治局势依然不稳定。引起社会动荡的社会问题和经济问题依然存在。特别是政府的反毒品政策使那些依赖古柯维持生计的民众非常抵触。因为游击队愿意保护古柯农民免受政府的干扰，因此，他们得到了支持和稳定的资金来源，简单的经济需求驱使很多人投入了革命组织的怀抱，这跟意识形态或高尚的事业毫无关系。

▲ **星式Z70B型冲锋枪**
1985年配属于在波哥大市活动的M-19（4月19日运动）革命分子

该冲锋枪是早期的Z-62冲锋枪的一种改进型号，它用传统的扳机和快慢机替代了Z-62的单连发板机（或叫快慢机扳机）。

技术参数	
制造国：西班牙	枪口初速：380米/秒
年份：1971	（1247英尺/秒）
口径：9毫米（0.35英寸）使用派拉贝鲁姆手枪弹	供弹方式：20或30发弹匣
动作方式：自由枪机式	射程：50米（164英尺）以上
重量：2.87千克（6.33磅）	全长：700毫米（27.56英寸）
枪管长：200毫米（7.87英寸）	

城市暴力

哥伦比亚的冲突，以城市暴力、绑架和暗杀这些只需要轻武器的活动为特征。政府针对古柯种植园及旨在找到游击队基地的行动遭到了抵抗，但大部分冲突属于低水平战斗。近年来，虽然政府在与毒品黑帮作战方面已取得一些成功，但这种冲突仍可能以同样的方式继续一段时间。

▲ **星式Z-62冲锋枪**
1992年装备波哥大市哥伦比亚国家警察

Z-45冲锋枪在西班牙陆军的服役经验使西班牙星公司（STAR）在20世纪50年代后期创造出一款改进的冲锋枪。该武器于1963年开始服役，命名为星式Z-62。Z-62的布局不同，手持握柄更靠近弹匣插口。

技术参数
制造国：西班牙
年份：1963
口径：9毫米（0.35英寸）
　　　使用拉戈手枪弹
动作方式：自由枪机式，
　　　开膛待击
重量：3千克（6.61磅）
全长：615毫米（24.2英寸）
枪管长：215毫米（8.4英寸）
枪口初速：399米/秒
　　　（1312英尺/秒）
供弹方式：20、30或40发
　　　弹匣
射程：150—200米
　　　（492—656英尺）

技术参数
制造国：以色列
年份：未知
口径：5.56毫米（0.219英寸）、7.62毫米（0.3英寸）
动作方式：导气式，
　　　枪机回转闭锁
重量：2.8千克（6.17磅）
全长：730毫米（28.74英寸）
枪管长：215毫米（8.46英寸）
枪口初速：710米/秒
　　　（2329英尺/秒）
供弹方式：35发弹匣
射程：300—500米（984—1640英尺）

▲ **加利尔ACE系列突击步枪**
2004年配属于在卡塔赫纳行动的哥伦比亚国家陆军特种部队反恐组

加利尔ACE是加利尔突击步枪的最新型号。它有各种长度的枪管可供该枪作为支援武器、步枪或卡宾枪使用。

第五章

现代战争

现代战争具有复杂性，主要以城市战为主，战斗区的非战斗
人员通常希望像平常那样生活。
国与国的大规模接触战常有发生，但大规模装甲集群之间的
战争，不如革命分子与步兵（有轻装甲车辆支持）
之间的遭遇战常见。
通常，部队会陷于"类似战争的境地"，而非直接战争。部
署他们的目的，与其说是与敌人作战或平息叛乱，
还不如说是为了维护和平。
若想任务成功，
他们就得好好掌握克制与进攻之间的平衡。

◀ 检查站安保工作
2004年"伊拉克自由"行动期间，装备了一挺L7A2通用机枪的一名英国陆军
伞兵团第3营的士兵正在放哨。

导 言

比起军事胜利,战争总是与政治结果更相关。实现了政治目标的那一方将会获胜,即便每场战争都失败。

术语"三维战争"描述的是这种情况:部队同时进行人道主义救援、维和及直接战斗。它表现出了许多冲突和任务的复杂特性。

各国军队间的直接冲突相对简单——使用技术和战术,击败一个清晰可辨的敌人。这种情况下,如果战斗部队想减少敌方人民所受的苦难,事情就变复杂了。很多国家的政府更重视敌国的人民,而不是本国的。政府会把战争设施藏在平民聚集地——将指挥部和兵工厂建在医院和学校旁边,这可能会降低敌军的进攻意愿。

然而,这种事情通常很难引起人注意,没有平民的战场几乎不存在。因此,战斗部队必须小心翼翼,只攻击经过仔细鉴别的目标。这种情况下,为了收集情报或接近目标,敌军会藏在平民中。如果打仗时不顾平民,战争可能会更简单,但也可能更恐怖,付出的政治代价也更大。

维和部队遇到复杂的多派别冲突时,行动尤其困难。这些派别包括非正规军队,他们不穿制服、不戴徽章。今日的朋友,可能明天就会成为敌人,甚至有时就很难区分敌友——特别是他们伪装后。

有时,问题不是如何对付敌军战斗人员,而是如何识别、发现他们。战斗人员可能会藏在偏远山区的基地里或隐藏在普通民众中。不管是哪种情况,一旦失去联系就很

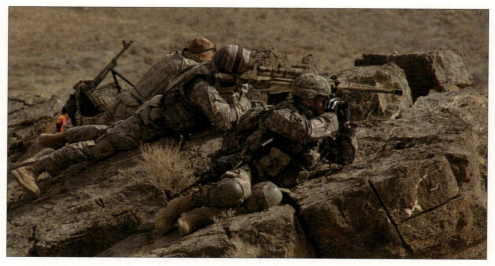

▲ 确保狙击手的安全

2009年,在阿富汗的米赞前哨基地附近,一支美军狙击队在步行巡逻期间观测敌军活动。狙击手装备了巴雷特M82反器材枪,俗称"轻50"。持望远镜的士兵肩上是一支M4卡宾枪。图片不显眼的地方(左边),像是一挺被遗弃的苏制PKM轻机枪。

▲ **经典苏制轻机枪**

2011年，来自伊拉克陆军第5师的一名士兵正在伊拉克基尔库什军事训练基地开展训练，他装备了一挺RPK轻机枪。

难再恢复，这使敌对分子对他们选定的目标可发起传统的"打了就跑"的袭击。

很大程度上，现代战争的目的是赢得民心，成为他们的政治领袖。当然，军事上的成功对结果有重要的影响，但整个任务是政治性的。持续杀游击队员是不够的，如果人民怀有敌意，将会有更多的游击队员冒出来。必须赢得民众或至少劝他们不再支持革命分子。这意味着，部队必须与当地人一同协作，与之交谈，赢得他们的接纳——甚至友谊。如果躲在装甲坦克后或轰炸机座舱里，这些事情就不能完成。

徒步、轻装甲巡逻、运作检查站、守卫援助站等行动都要求与革命分子近距离接触，这些都会使维和部队遭到袭击。相似地，维和部队袭击革命分子偏远地区的营地时，步兵通常得承受一定的伤亡，他们不能携带更多的有用的武器。

现代地面部队有大量技术装备的支持：遥控无人机、GPS制导炮弹、非穿透性全能主战坦克。但他们还是得与革命分子作战，清理游击队的革命据点并确保重要地区的安全，就像历代步兵做的那样。步兵的武器仍然无可争议的是军事装备中最重要的。地面部队开火或不开火的决定，在很大程度上影响了整个任务的成败。

前南斯拉夫 20世纪90年代

20世纪90年代早期，习惯性被称为"欧洲火药桶"的巴尔干地区，再次点燃了战火。

不同民族、不同宗教和不同政治团体的存在，使巴尔干一直是一个不稳定的地区。20世纪早期，国界线被重新划了很多次。南斯拉夫王国从这种复杂的局面诞生了，它在二战期间遭到轴心国入侵。二战后，南斯拉夫变成了南斯拉夫社会主义联邦共和国（SFRY）。

这时的南斯拉夫包括几个国家，塞尔维亚共和国、克罗地亚和波斯尼亚-黑塞哥维那。这些国家都有基督徒和穆斯林，而且多数国家都有大量少数民族——他们的种族本源不同于该国的本源。比如，波斯尼亚就是大量塞尔维亚族人和克罗地亚族人的家园。这些人更倾向于向塞尔维亚或克罗地亚效忠，而不是向他们表面上的祖国——波斯尼亚效忠。

尽管内部情况复杂，南斯拉夫二战后仍然是一个繁荣的国家，并有着实实在在的经济增长。虽然南斯拉夫有一个共产党政府，但它并未与苏联结盟。相反，为了避免与苏结盟，它从西方获取支持。东西政治局势的变化使这种支持减少了，南斯拉夫的经济也相应地遭受了损失。

随着南斯拉夫的国际债务不断增加，经济快速下滑，中央政府给予加盟共和国更多的权力处理自身事务，鼓励它们走向独立。自治区域被建立，譬如塞尔维亚的科索沃，这在某些地区引起了怨愤。南斯拉夫各加盟成员共和国之间的分歧造成了无止境的争论，这种争论最终在20世纪80年代末变得猛烈起来。

很难精确地指出南斯拉夫是从什么时候开始分裂的，但克罗地亚籍塞尔维亚族宣布脱离克罗地亚的宣言，见证了武装冲突的开始。那时，克罗地亚正走向独立，但其宪法似乎将塞尔维亚族当作二等公民。对得到了许多南斯拉夫陆军军官支持的克罗地亚籍塞尔维亚人来说，这是不能接受的。

▲ **Vz58突击步枪**[1]
1994年5月，波斯尼亚非正规武装在萨拉热窝曾使用过该武器。

捷克制造的Vz58与AK-47相似且使用同一种弹药，它采用导气式工作原理。

技术参数

制造国：捷克斯洛伐克	枪管长：390毫米（15.4英寸）
年份：1958	枪口初速：705米/秒
口径：7.62毫米（0.3英寸）	（2313英尺/秒）
使用苏制M1943弹	供弹方式：30发弹匣
动作方式：导气式，	射程：400米（1312英尺）
卡铁摆动式闭锁	全长：845毫米
重量：2.91千克（6.42磅）	（33.3英寸）

占据优势的塞尔维亚

大部分军官都是塞尔维亚，他们自然同情在克罗地亚的塞尔维亚人。在克罗地亚走向独立的助跑期，南斯拉夫联邦陆军采取措施解除了克罗地亚族的武装，这对塞尔维亚人来说，是个好机会。冲突刚开始时，双方都缺乏重要装备，但克罗地亚籍的塞尔维亚人从同情他们的军官那里得到了供应。另一方面，逐渐成立的克罗地亚共和国不得不

从国际渠道获取武器，往往要商讨禁运的条件。塞尔维亚人通常从前南斯拉夫军队那里得到装备——譬如从AK系列步枪衍生而来的扎斯塔瓦突击步枪[2]。这两种步枪显著的区别是，扎斯塔瓦步枪枪管内未采用衬铬工艺——这使它更不耐腐蚀。然而，正因如此，该枪才更精确，并且在战斗环境中既坚固耐用又可靠。

其他参战方都受到武器禁运的严重影

▶阿格拉姆2000冲锋枪
1995年克罗地亚独立战争中，克罗地亚革命分子曾使用过该枪

尽管该枪的外观十分新潮，但它实际是从贝瑞塔M12发展而来的，而贝瑞塔M12可追溯至20世纪50年代末。

技术参数

制造国：克罗地亚	枪管长：200毫米 (7.8英寸)
年份：1990	枪口初速：未知
口径：9毫米（0.35英寸）使用派拉贝鲁姆手枪弹	供弹方式：15、22或32发弹匣
	射程：100米（328英尺）
动作方式：自由枪机式	全长：482毫米
重量：1.8千克（3.96磅）	（18.9英寸）

▶CZ85手枪
1995年2月在斯雷布雷尼察作战的塞尔维亚人曾使用过该枪

捷克制造的CZ85手枪是CZ75手枪的升级版，两者主要的不同之处是，CZ85装有左右手皆可操作的手动保险机构和滑块停止装置。

技术参数

制造国：捷克斯洛伐克	枪管长：120毫米 (4.7英寸)
年份：1986	枪口初速：370米/秒
口径：9毫米（0.35英寸）使用派拉贝鲁姆手枪弹	（1214英尺/秒）
	供弹方式：16发弹匣
动作方式：枪管短后坐式	射程：40米（131英尺）
重量：1千克（2.2磅）	全长：206毫米（8.1英寸）

① 这是Vz58 V，即它的金属折叠托衍生型。
② 又意译为"红旗"突击步枪。

响，被迫从黑市或从社会上的犯罪团伙那里购买武器。这些武器包括各种手枪和冲锋枪——绝大多数来自东欧，它们似乎更适合城市犯罪，而不是军事战斗。

新兴的冲突尤其令人不快，战斗双方相互指控对方犯下的暴行和进行的大屠杀，很多克罗地亚领导人后来都被指控犯下了战争罪行。攻击平民既被用作削弱敌方战斗意志力的手段，也被看作是除掉克罗地亚领土上多余种族的努力。在历时五年的战争中，克罗地亚也受到了外部攻击，主要是被塞尔维亚部队攻击。

边界冲突

战斗在克罗地亚爆发后不久，斯洛文尼亚宣布独立。随后的斯洛文尼亚与南斯拉夫联邦部队的冲突以"十日战争"广为人知。这是一场相当小规模的冲突，几乎没有造成伤亡。南斯拉夫联邦军队仅仅占领了斯洛文尼亚共和国边界上的一些地区，并主要限于围堵行动。几次小规模战斗后，双方就同意停火，南斯拉夫联邦部队最终撤出斯洛文尼亚，实际上认可了斯洛文尼亚的独立。

波斯尼亚的命运是前南斯拉夫争论的焦点。经过一段时间的激烈战斗——以暴行和

▶ CZ99手枪
1991年6月配属于在斯洛文尼亚边境附近的南斯拉夫联邦装甲部队

这种手枪与捷克的"CZ"系手枪并无关系，扎斯塔瓦CZ99手枪是为了满足南斯拉夫军队的需求而制造的，但也被流传到了各种武装力量手中。

技术参数

制造国：南斯拉夫	全长：190毫米（7.4英寸）
年份：1990	枪管长：108毫米(4.25英寸)
口径：9毫米（0.35英寸）	枪口初速：300－457米/秒
使用派拉贝鲁姆手枪弹、10.16	（985－1500英尺/秒）
毫米(0.4英寸)/使用0.40英寸史	供弹方式：15发（9毫米
密斯威森手枪弹	/0.35英寸）、10/12发
动作方式：单动或双动式	（10.16毫米/0.4英寸）弹匣
重量：1.145千克（2.5磅）	射程：40米（131英尺）

技术参数

制造国：捷克斯洛伐克	枪管长：115毫米（4.5英寸）
年份：1960	枪口初速：320米/秒
口径：7.65毫米（0.301英寸）动	（1050英尺/秒）
作方式：自由枪机式，闭膛待击	供弹方式：10或20发弹匣
重量：1.28千克	射程：25米（82英尺）
（2.8磅）	全长：517毫米（20.3英寸）

▲ M84冲锋枪（Vz61蝎式）
1995年4月配属于进攻萨拉热窝的塞尔维亚人

M84冲锋枪是捷克Vz61蝎式冲锋枪的许可生产版本，被用作南斯拉夫军队车组乘员的自卫武器。

谋杀已投降的敌军为标志，联合国维和部队试图在冲突区建立一些安全区，这是漫长部署的开始。在那里，联合国维和部队受到交战规则的限制。譬如，敌人朝联合国部队及受其保护的人扔了手榴弹后，还能畅通无阻地离开。

从1992年起，这场冲突扩展到波斯尼亚–黑塞哥维纳。各种力量再一次被牵扯进来，但总的来说，冲突对塞尔维亚人——而不是波斯尼亚和克罗地亚人——更有利。塞尔维亚人总体上装备好，有塞尔维亚和联邦武装部队内塞尔维亚同情者的支持。从联邦脱离出来的波斯尼亚和克罗地亚族武装慢慢瓦解，他们大多数重装备和库存弹药落入塞尔维亚人手中。

冲突早期，塞尔维亚部队试图占领波斯

技术参数

制造国：南斯拉夫	全长：875毫米（34.4英寸）
年份：1968	枪管长：415毫米
口径：7.62毫米（0.3英寸）	（16.33英寸）
动作方式：导气式，	枪口初速：720米/秒
枪机回转闭锁	（2362英尺/秒）
重量：3.70千克	供弹方式：30发弹匣
（8.16磅）	射程：410米（1345英尺）

▲ **扎斯塔瓦M70突击步枪**
1993年3月配属于在萨拉热窝作战的塞尔维亚人

加装一只瞄准镜后，从萨拉热窝街道两旁的高楼开火时，M70突击步枪足以胜任狙击武器的角色。

技术参数

制造国：南斯拉夫	枪口初速：745米/秒
年份：1972	（2444英尺/秒）
口径：7.62毫米（0.3英寸）	供弹方式：30或40发弹匣，
动作方式：导气式，	75发弹鼓
枪机回转闭锁	射程：400米（1312英尺）
重量：5.5千克（12.12磅）	全长：1025毫米
枪管长：542毫米（21.33英寸）	（40.35英寸）

▲ **扎斯塔瓦M72轻机枪**
1991年6月斯洛文尼亚临时武装部队曾在卢布尔雅那使用过该枪

该枪是M70步枪的轻型支援版本，它曾在南斯拉夫武装部队服役，因此，大多（南斯拉夫解体后的）后继武装力量也拥有该枪。

▲ **巴尔干战争**

不明身份的非正规武装人员以战斗姿态穿过前南斯拉夫某地的一条街道，他们都装备了扎斯塔瓦突击步枪。

尼亚首都萨拉热窝。虽然他们能渗入城市，并夺取某些要点的控制权，但人数占优势的守军还是能使城市不落入他们手中。接下来的城市争夺战，是现代最长的一次首都围城战。萨拉热窝与外界的联系，或多或少被塞尔维亚布置在城市周围山头的阵地切断了。

由于没有办法回应那些在要塞化火力点的塞族部队的炮击，萨拉热窝市民及守城人员被迫在持续的炮火下生存，炮火既针对平民目标，也针对军事目标。高楼里的狙击手把袭击平民作为消耗守城人员的一部分。

塞尔维亚部队虽然在重武器方面具有优势，但即便他们控制了某些地区，也不能完全占领这座城市。结果，旨在扩大塞尔维亚控制区的突击行动变成了街道巷战，街垒在苦涩的近距离交火战斗中数度易主。波斯尼

亚人设法拿到了足够防御攻击者的轻武器，但他们缺少突围或在封锁线上强行开辟补给走廊需要的大规模作战能力。

联合国援助

联合国援助经由机场运进萨拉热窝，是一项极其危险的事情，需要部署维和部队保护援助物资及机场本身。联合国干涉逐渐扩大到空袭——轰炸塞尔维亚的火炮和后勤运输设施，这样做的结果是，减轻了波斯尼亚族部队所受的压力，使他们能够开始进攻。

这场后来以"波斯尼亚战争"为人所知的冲突，以1995年谈判达成的一份停火协议告终。波斯尼亚在战场上的成功、联合国再次空袭的威胁，对结束战争起了重要作用。萨拉热窝的解脱，与其说是救援行动的结

果，还不如说是由于塞尔维亚人的撤离。

前南斯拉夫境内的大部分冲突中的交战方是准军事组织和民兵，他们中很多人将平民视为合法的目标。尽管可自由使用重武器和火炮，很多战斗仍属于装备了轻兵器的军事人员之间的短兵相接，战争双方装备的武器大部分是一样的。

联合国对南斯拉夫实施的武器禁运对塞尔维亚造成的影响比对其他交战方的影响要小，因为塞尔维亚人弄到联邦陆军武器的渠道较广。其余交战方则被迫通过走私、黑市买卖、战场搜寻来获取他们需要的武器。

这些武器大多来自东欧，也就是说，深受苏联的影响。突击步枪随处可见，但在城镇、乡村和郊区进行的战斗中，冲锋枪被证明是一种有效的近距离武器。

▶ PM-63冲锋枪
1992年3月，科索沃非正规武装人员曾在科索沃使用过该枪

该枪运用与后膛闭锁块一体化的滑套，更像是一种自动手枪。它不能进行精确的自动射击。

技术参数	
制造国：波兰	枪管长：152毫米（6英寸）
年份：1964	枪口初速：320米/秒
口径：9毫米（0.35英寸）	（1050英尺/秒）
使用马卡洛夫手枪弹	供弹方式：15或25发弹匣
动作方式：自由枪机式	射程：100—150米
重量：1.6千克	（328—492英尺）
（3.53磅）	全长：583毫米（23英寸）

技术参数	
制造国：前南斯拉夫	全长：540毫米（21.25英寸）
年份：未知	枪管长：254毫米（10.0英寸）
口径：7.62毫米（0.3英寸）	枪口初速：678米/秒
动作方式：导气式，	（2224英尺/秒）
枪机回转闭锁	供弹方式：30发弹匣
重量：3.5千克（7.72磅）	射程：200米（656英尺）

▲ 扎斯塔瓦M92卡宾枪
战后曾装备克罗地亚武装部队

该枪是从M85衍生而来的，M85自身是苏制AKSU-74突击步枪的仿制品。M92使用7.62×9毫米子弹，M85使用5.56×45毫米子弹。

高加索地区的战争 1994年至今

苏联解体暴露了原有的紧张局势，制造了新的紧张局势，同时，在俄国的南翼造成了暴力局面。

随着苏联解体，苏联领土的大多数地区都与俄国签订了定义它们新关系的条约。车臣则是一个值得注意的例外，在某些内部冲突后，逐渐形成一个致力于从俄国独立出去的政府。莫斯科对此做出了军事上的回应，但军事回应很快就被撤回。

在依赖古老的AK系列步枪多年后，俄国部队开始使用新一代更复杂的武器——这些武器受到其他地方武器的影响。许多武器可装填西方弹药，也兼容各种轨载附件，这使它们对国际买家更有吸引力。虽然这些武器被证明是有效的，但抛弃AK系列枪械的步伐依被可用的卡拉什尼科夫冲锋枪的数量拖延了。除寿命长外，AK系列枪械仍然有效，用来装备二线部队或是在公开市场出售，这确保了AK系枪械在以后很长一段时间内都可用。

车臣

车臣很快就遇到经济困难、蓄意政变及内战等问题。经济困难因成千上万非车臣民

▲ **弹链**
1992年的纳戈尔诺-卡拉巴赫边界冲突中，一名阿塞拜疆籍士兵正在整理轻机枪弹链。

▶ **PSM手枪**
2008年1月配发给俄军驻南奥塞梯维和部队

PSM手枪虽然发射的是小威力小口径枪弹，但小巧轻便，易于携带。

技术参数			
制造国：苏联		枪管长：85毫米 (3.35英寸)	
年份：1973		枪口初速：315米/秒	
口径：5.45毫米		（1033英尺/秒）	
（0.215英寸）		供弹方式：8发弹匣	
动作方式：自由枪机式		射程：40米 (131英尺)	
重量：0.46千克 (1.01磅)		全长：160毫米 (6.3英寸)	

族人员被驱逐而恶化，这些被驱逐的人中有很多是专家和重点企业的熟练工人。俄方部队开始越来越多地牵涉进车臣的内部战争。起先，他们暗中支持车臣政府的反对派，随后更直接。1994年12月，俄军决定进入车臣，并推翻想独立的现政府。

俄军的进攻以摧毁车臣空军的空袭为开端，但这种成功因复杂民族状况下的政治困境抵消了。俄国很多官员及军官都反对这场冲突。被派去侵略车臣的有些部队并不乐意去，甚至还为不去车臣反抗过。虽然俄军享有空中优势和大为领先的武器装备，但他们部署在战场的动员兵训练不足，而且士气不

高，这使车臣对士气低落的部队发动了打完就跑的突袭行动。尽管如此，俄军向车臣首都的推进仍然难以阻滞，很快，俄军就包围了格罗兹尼。

虽然大量运用了炮兵、空中支援和装甲部队，俄军试图推进格罗兹尼市内的初次尝试仍被击退，伤亡惨重。因此，俄军被迫通过越发荒废的城市，一条街又一条街地慢慢向前挪动。最终于1995年3月获得了看上去像是胜利的结果。

战斗双方在这场苦涩巷战中使用的武器大多是苏联的突击步枪和其他步兵武器。AK系列步枪被设计成可供训练水平低下的动员

▶ PMM手枪
2008年8月在茨欣瓦利作战的切夫基坦克团曾使用过该手枪

PMM（又名马卡洛夫）手枪是苏联时期部队的制式配发武器，巨大的产量使该手枪以后的许多年仍在使用中。

技术参数	
制造国：苏联/俄罗斯	枪管长：93.5毫米
年份：1952	（3.68英寸）
口径：9毫米（0.35英寸）	枪口初速：430米/秒
动作方式：双动式	（1410英尺/秒）
重量：0.76千克（1.67磅）	供弹方式：12发弹匣
全长：165毫米（6.49英寸）	射程：50米（164英尺）

技术参数	
制造国：俄罗斯	枪口初速：900米/秒
年份：1994	（2953英尺/秒）
口径：5.45毫米	供弹/弹匣：与AK-74相同的
（0.215英寸）	30或45发弹匣，形成棺材的
动作方式：导气式	60发四排弹匣
重量：3.85千克（8.49磅）	射程：400米（1312英尺）
枪管长：405毫米（15.9英寸）	全长：943毫米（37.1英寸）

▲ AN-94突击步枪
2008年8月配属于进攻茨欣瓦利的俄罗斯陆军第19摩托化步兵师

AN-94是作为苏联时期AK-74步枪的后继者而设计的，它的结构远比AK-74复杂，能以极高的射速打出2发点射击，或以全自动模式用较低的射速进行射击。

兵和民兵使用，而且这些枪也确实参加了这场冲突。在城市的近距离战斗中，火力和可靠性要比远距离上的精度更重要，而AK突击步枪在这些方面远胜于其他枪械。

夺取格罗兹尼后，俄军在车臣的影响越来越大，能把车臣赶去更偏远的地区。这场战争成了一场游击战，并因劫持人质和攻击平民成了恐怖行动。尽管俄国和其他地区有些成功的反击和暴乱，车臣部队还是在战场上被逐渐击败。然而，格罗兹尼曾两次被车臣收复——车臣利用了俄军部队被派去别的

地方执行任务的机会。

停火后，1996年11月随即达成了一份正式的和平条约，但俄国与其前领土之间的紧张仍存在。国内安全形势的恶化导致车臣政府军与各种民兵公开战斗。多次都牵涉到俄国人后，俄军发动了第二次入侵。

俄国的干涉始于1999年末的一次空战，紧随其后的是地面入侵。俄军的推进有条不紊，还有炮兵和攻击机的支援。他们于10月中旬抵达格罗兹尼。其他俄军部队以车臣的主要城市为目标，仅遇到几股配备轻武器民

▲ **AK-103突击步枪**
2008年1月配属于驻南奥塞梯俄罗斯边防部队

该枪实际上是一种现代化再造口径的AK-74M步枪。它主要被执法部门和边防警卫部队使用，且曾出口过。

技术参数	
制造国：俄罗斯	枪管长：415毫米 (16.3英寸)
年份：1994	枪口初速：735米/秒
口径：7.62毫米（0.3英寸）	（2411英尺/秒）
动作方式：导气式	供弹方式：30发弹匣
重量：3.4千克	射程：300米（984英尺）以上
（7.49磅）	全长：943毫米（37.1英寸）

▲ **AK-107突击步枪**
2008年8月配属于在阿布哈兹作战的俄罗斯陆军第20摩托化步兵师

AK-107作为AN-94廉价的替代品被研发出来，它可全自动或半自动开火，也可3发点射。

技术参数	
制造国：俄罗斯	枪管长：415毫米 (16.3英寸)
年份：20世纪90年代	枪口初速：900米/秒
口径：5.45毫米（0.21英寸）	（2953英尺/秒）
动作方式：导气式	供弹方式：30发弹匣
重量：3.8千克	射程：500米（1640英尺）
（8.38磅）	全长：943毫米（37.1英寸）

兵的抵抗。俄国于2000年5月建立起对车臣的直接统治，之后慢慢转向自治。

南奥塞梯

苏联解体在其他地方也制造了问题。比如，1991—1992年的南奥塞梯冲突和1992—1993年的阿布哈兹冲突，使有些地方落入了分离主义分子手中，其他地方则被亲俄团伙控制。

2008年8月，格鲁吉亚试图重新夺取对南奥塞梯的控制权——发动了一场起初很成功的入侵行动。格鲁吉亚军队攻击了茨欣瓦利，与当地部队和驻扎在此地的俄国维和人员发生了冲突，还进抵到市中心，但在遇到顽强的抵抗后不能守住该地。

作为对侵略的回应，俄国派了部队到南奥塞梯，并向格鲁吉亚军队发起了空中打击。格鲁吉亚和俄国装甲部队发生了数次冲突，

▲ AK-200 突击步枪
仍在研制中

AK-200是最新式的俄制突击步枪，由AK-74[1]发展而来。它反映了现代人对附加导轨和先进材料的喜好，在枪上可加装模块化设备，包括先进组合光学瞄准镜、激光指示器、强光灯、垂直前握把、两脚架和榴弹发射器。

技术参数		
制造国：俄罗斯		枪管长：415毫米（16.3英寸）
年份：2010		枪口初速：900米/秒
口径：5.45毫米（0.21英寸）		（2953英尺/秒）
动作方式：气动		供弹方式：30发弹匣
重量：3.8千克（8.38磅）		射程：500米（1640英尺）
全长：943毫米（37.1英寸）		

技术参数		
制造国：俄罗斯		枪管长：560毫米（22.2英寸）
年份：20世纪90年代初		枪口初速：830米/秒
口径：7.62毫米（0.3英寸）		（2723英尺/秒）
动作方式：导气式，		供弹方式：10发弹匣
枪机回转闭锁		射程：800米（2624英尺）
重量：4.68千克（10.3磅）		全长：1225毫米（48.2英寸）

▲ SVD-S德拉古诺夫狙击步枪
2008年8月配属于在阿布哈兹作战的第76普斯科夫空中突击师

SVD-S狙击步枪是SVD狙击步枪的改良版。它是为空降部队准备的，而且加装了一个折叠式枪托。

---

① 应是从AK-74M发展而来的。

俄国空军使格鲁吉亚坦克在这场冲突中不能发挥太大的作用。很多地面战斗都属于格鲁吉亚步兵和本地非正规军之间的城市战。在近距离的战斗中，奥赛梯部队用RPG-7反坦克火箭筒对格鲁吉亚车辆造成了伤亡。

虽然俄军的行动因需通过狭窄的道路提供增援而受到了阻碍，但他们有力量优势。

尽管格鲁吉亚部队发起过几次突击，俄军还是将他们撵出了茨欣瓦利并最终将他们赶出南奥塞梯。随后，俄军推进到格鲁吉亚境内并向戈里前进。经过激烈的战斗，格鲁吉亚军队撤退，该城被俄军占领。

停火后，这场冲突以俄军从格鲁吉亚撤军收场。

▲ "佩切涅格"卡拉什尼科夫步兵机枪
2008年8月配属于进攻茨欣瓦利的俄罗斯陆军第19摩托化步兵师

佩切涅格机枪是根据ＰＫＭ机枪研发出来的，使用7.62×54毫米弹药。与其他通用机枪不同的是，它不包含可快速更换的枪管，与其说它是通用机枪，还不如说它是班用支援武器。

技术参数

制造国：俄罗斯	枪口初速：825米/秒
年份：1999	（2706英尺/秒）
口径：7.62毫米（0.3英寸）	供弹方式：100或200发长度
动作方式：导气式	弹链供弹
重量：8.7千克（19.18磅）	射速：710发/分钟
全长：1155毫米（45.47英寸）	射程：1000米
枪管长：640毫米（25.19英寸）	（4921英尺）

伊拉克陆军和叛乱分子的武器 2003年至今

1991年海湾战争，联合国只要求伊拉克从科威特撤军，2003年的那次入侵则是另一回事了——目的是更改伊拉克政权。

在1991年海湾战争末期，那些已把伊拉克军队从科威特赶走的联军部队中弥漫着"打进巴格达"的情绪。很多人预测不久将发生另一次海湾战争，他们认为萨达姆·侯赛因的独裁统治，在他力量不强时能被推翻，否则，将来会发生更大的战争。

尽管伊拉克有内部矛盾，萨达姆政权还是设法度过了1991年的惨败，残酷镇压了所有反抗。到2003年，伊拉克军队已经重建，其力量至少在纸面上是令人生畏的。然而，这支令人印象深刻的大部队所配备的武器都过时了，配备的都是苏联时代的武器，比当年国际联军的武器要落后许多。

伊拉克军队是虚弱的。大部分常备军由训练糟糕的动员兵组成，很多士兵都反对现政权。军官阶级虽然更忠诚，但伊拉克陆军整体上既无经验又无进取心。其实，设立共和国卫队的原因之一就是担心军队不忠。

共和国卫队既是一种政治力量，也是一种军事力量，它是用来制衡军队力量的。它忠于萨达姆政权，装备了最好的武器，比那些纯军事部队士气更高。共和国卫队和纯军事部队，使用相同的轻武器和轻型支援武器——适合动员兵在严酷的沙漠中使用的苏联时代武器。

以"伊拉克自由"为行动代号，美国和英国于2003年3月入侵了伊拉克。英军的目标是伊拉克的第二大城市巴士拉，美军的则是巴格达，以装甲部队为先导，向巴格达的推进进展很快。通过攻击美英军队的后勤部队，伊拉克表达了强烈抵抗的决心。

很多伊拉克陆军在空袭或装甲突击下瓦解，或很快就投降了。然而，穿着平民衣服的非正规武装人员越来越多，其中一些是经过伪装的军队人员。这些人攻击他们能攻击的任何目标，随后就消失。联军希望避免平民伤亡，因此，即使在遭遇火力袭击时仍竭力克制。这种政策在很大程度上得到了回报：多数普通伊拉克人憎恨残暴的萨达姆政权，尽量避开战斗。虽然政府号召民众起来保卫家园，人们在联军摧毁伊军试图倚仗和

战斗的东西时，仍袖手旁观。

虽有零星的抵抗，伊军仍无希望阻止巴士拉和巴格达的陷落，不久，全国其他地区也落入联军手中。这一胜利标志着针对萨达姆·侯赛因政权的战争结束了，但一段艰难时期即将来临。联军发现他们被卷入了各种冲突。

有些敌人是萨达姆·侯赛因及其复兴社会党顽固的支持者，其他则是伊拉克和其他国家的反西方圣战者——他们将这场冲突作为打击意识形态上的敌人的手段。忠于各种政治和宗教人物的民兵，也在独裁政权倒台后的权力真空期爆发了冲突。并非所有这些团伙都针对联军。有些团伙互相混战或吸纳投奔来的所有人，是为了控制某个重要城市或地区。在这种混沌和危险的局势下，联军部队尝试恢复秩序，将控制权交给地方当局，避免因过度的反应使局面更加紧张。

一旦地面战以胜利结束后，联军转为"维和"，而联军的敌人则不这样看。先进武器和重装甲坦克，试图在人口稠密的城市维持法律秩序时起的作用并不大，徒步巡逻队时联军士兵感觉，任何携带武器的革命分

技术参数	
制造国：苏联	枪管长：400毫米(15.8英寸)
年份：1974	枪口初速：900米/秒
口径：5.45毫米（0.215英寸）	（2952英尺/秒）
使用M74子弹	供弹方式：30发弹匣
动作方式：导气式	射程：300米（984英尺）
重量：3.6千克（7.94磅）	全长：943毫米（37.1英寸）

▲ **AK-74突击步枪**
2003年4月配属于驻巴格达的萨达姆敢死队

AK-74步枪与AKM/AK-47突击步枪的主要区别是，它枪托上的长凹槽、弹匣上的刻痕及较小的弹药口径。

子都能造成伤亡。

推翻萨达姆·侯赛因政权大部分是靠飞机、导弹和装甲车辆，但控制伊拉克的战斗则靠步兵。富有经验且装备良好的联军士兵，在单兵对单兵的交火中拥有优势，但革命分子是在他们自己的家园作战，能够藏在民众中。伊拉克陆军解散后，武器来源对革命分子来说不再是问题。有证据表明，伊拉克陷落后的革命活动比伊拉克陆军的有组织抵抗更具威胁。

▲ PKM通用机枪
2003年4月配属于驻库特城的伊拉克陆军共和国卫队巴格达师

PKM通用机枪和美制M60机枪属于同一时代的产物，它是种既结实耐用又有效的武器，已经取得了良好的出口销售成绩。

技术参数

制造国：苏联	枪口初速：800米/秒
年份：1969	（2600英尺/秒）
口径：7.62毫米（0.3英寸）	供弹方式：弹链供弹
动作方式：导气式，气冷式	（置于盒中）
重量：9千克（19.84磅）	射速：710发/分钟
全长：1160毫米（45.67英寸）	射程：2000米（6560英尺）
枪管长：658毫米(25.9英寸)	以上

▲ RPG-7
2004年12月，费卢杰城的伊拉克反叛分子曾使用过

虽然RPG-7的有效性对主战坦克来说很有限，但它对更轻型的车辆和联军基地建筑却有显著的威胁。

技术参数

制造国：苏联	全长：950毫米（37.4英寸）
年份：1961	枪口初速：115米/秒
口径：40毫米（1.57英寸）	（377英尺/秒）
动作方式：火箭助推	供弹方式：单发，前端装填
重量：7千克（15磅）	射程：约920米（3018英尺）

伊拉克和阿富汗：狙击武器和战术
2000年至今

对狙击手来说，射击技术当然是一项关键技能，但狙击除了击中目标外，还包括很多东西。

步兵战术大多都是以火力为中心，当作战单位移到好位置时，压制敌军部队，但狙击战术却不一样。一名狙击手可能在整场战斗中只开一次火。单兵对单兵时，狙击手是作战优势中最具影响力的一种。

狙击手的枪法必须准，必须能在非常远的距离击中目标。这需要狙击手有预测目标运动、计算风力和子弹下坠、估计湿度温度影响及把握其他因素的能力。同样重要的是，狙击手必须能够找到一个好的位置，并不被发觉地呆在那里。如有必要，他还要有从敌军搜寻下逃脱的能力。

对狙击手来说，观察能力、隐身技能和对人类行为的理解能力极其重要。通过观察当地的情况，能预测到敌人会在哪里停留，可以事先做好准备工作。此外，搜寻敌方狙击手或枪手时，通过寻找好的射击位置，狙击手也能找出敌人可能的藏身处。

狙击手可能对一个目标只开一枪，所以这一枪必须有价值。他可能会忽略普通的敌军士兵或枪手，期望更有价值的目标会出现。通过克制首个目标出现时的射击冲动，他让自己拥有了改变战役进程的机会。

高价值目标

消灭军官或领导会对敌军的战斗能力造成严重影响。通信和专业人员也是高价值目标。虽然一般的狙击能严重削弱士气，但狙击手们所受的训练是要他们选择能造成显著影响的目标，而不只是造成伤亡。

狙击手也被用作侦察部队，报告他们所见到的情况，或呼叫炮兵和空中支援摧毁有价值的目标。同样，狙击手敏锐的观察力使他们收集的信息比步兵收集的更好，开火也比步兵更方便。一支不知道自己已被监视的敌军部队，可能对自己受到空中打击或炮击会感到惊讶，从而遭受更严重的伤亡。

▲ **德拉古诺夫SVD狙击步枪**
2008年4月配属于赫尔曼德省的塔利班游击队员

苏联占领阿富汗期间，阿富汗战士曾缴获过一些德拉古诺夫步枪，从此，它们就被用来对付西方部队。

技术参数

制造国：苏联	枪管长：610毫米（24英寸）
年份：1963	枪口初速：828米/秒
口径：7.62毫米（0.3英寸）	（2720英尺/秒）
动作方式：导气式	供弹方式：10发弹匣
重量：4.31千克	射程：1000米（3280英尺）
（9.5磅）	全长：1225毫米（48.2英寸）

团队行动

狙击手很少单独行动。通常两三人一组，在此过程中，往往有一名富有经验的狙击手教导一名不那么有经验的狙击手。一名狙击手每次只能观察一个方向，因此，有一名同伴来提供安保是很有用的。观察员也可以报告狙击的结果，因为狙击结果可能发生在狙击手的视野范围外。当新目标出现时，观察员还能引导狙击手瞄准。

在伊拉克和阿富汗的狙击手，运用了相对大口径的步枪（7.62毫米/0.3英寸是很常见的）——这些步枪在远距离上的弹道特性很好，而且易于携带。超大口径的反器材步枪，主要用来对付通信器材和车辆这样的硬目标，或被用于超远距离狙击。但它们非常笨重，对在阿富汗山区步行执行任务的狙击

▲ M14增强型战斗步枪（EBR）
2010年5月配属在阿富汗的美国陆军第10山地师

该枪直接由M14狙击步枪发展而来，即M21狙击步枪的前辈。该枪被配发给美国陆军精确射手和美军特种部队。

技术参数	
制造国：美国	全长：889毫米（35英寸）
年份：2001	枪管长：457毫米（18英寸）
口径：7.62毫米（0.3英寸）	枪口初速：975.4米/秒
使用北约制式弹药	（3200英尺/秒）
动作方式：导气式，	供弹方式：10或20发弹匣
枪机回转闭锁	射程：800米（2624英尺）
重量：5.1千克（11.24磅）	以上

▲ M39精确射手步枪
2003年3月配属于在伊拉克纳西里耶作战的美国海军陆战队第2陆战远征旅

该枪同样从M14衍生而来，是为了满足在城市工作的美国海军陆战队精确射手和爆炸物处置小组的需求。

技术参数	
制造国：美国	枪管长：560毫米（22英寸）
年份：2008	枪口初速：865米/秒
口径：7.62毫米（0.3英寸）	（2837英尺/秒）
使用北约制式弹药	供弹方式：20发弹匣
动作方式：导气式，	射程：780米（2559英尺）
枪机回转闭锁	全长：1120毫米
重量：7.5千克（16.5磅）	（44.2英寸）

小组来说，它们难以运输。

有时候，部署狙击手是为了支援步兵行动。狙击手瞄准的是敌人的重要目标，譬如机枪小组成员和军官，用精确的火力帮助步兵前进。他们也被用作防御力量。比如，护卫队半路让一支狙击小组去执行其任务的情况并不罕见。狙击手小组能监视一条道路，阻止敌方人员埋爆炸物或设置伏击。护卫队回程时会来接这个狙击小组，或由其他部队来接。

在伊拉克的城市战斗中，狙击手的价值是难以衡量的。他们的精确减小了附加伤亡，同时也使友邻部队能消灭位于房顶的敌对分子。等步兵通过街道抵达敌军位置时，敌对分子可能早就逃之夭夭了。狙击手的子弹比步兵能更快抵达目标，而且在路上不会遭到伏击。

▲ M110半自动狙击手系统
2009年9月配属驻阿富汗霍斯特城的美国陆军第121步兵团

M110狙击步枪是为了满足美国陆军的要求而研发的，它还被海军陆战队用来替换M39狙击枪。

技术参数	
制造国：美国	枪管长：508毫米（20英寸）
年份：2008	枪口初速：783米/秒
口径：7.62毫米（0.3英寸）	（2570英尺/秒）
使用北约制式弹药	供弹方式：10或20发弹匣
动作方式：导气式，	射程：800米（2625英尺）
枪机回转闭锁	全长：1029毫米
重量：6.94千克（15.3磅）	（40.5英寸）

▲ 麦克米兰TAC-50狙击步枪
2002年3月配属于参加夏卡山谷（Shah-I-Kot Valley）战役的加拿大帕特里夏公主轻步兵团

该枪发射重型机枪弹改造的大威力弹药，2002年3月，它创造了当时世界上最远距离的击毙。一级下士阿伦·佩里从2310米（7579英尺）的距离射杀了1名敌方战斗人员，同月，下士罗布·弗隆在2430米（7972英尺）的距离上射杀了1名敌方战斗人员。

技术参数	
制造国：美国	枪管长：736毫米（29英寸）
年份：2000	枪口初速：823米/秒
口径：12.7毫米（0.5英寸）	（2700英尺/秒）
动作方式：旋转后拉枪机	供弹方式：5发弹匣
重量：11.8千克	射程：1600米（5249英尺）
（26磅）	全长：1448毫米（57英寸）

在沙漠或阿富汗群山的一处高地向别的地方射击时，狙击手能干掉对装备小口径突击步枪的步兵来说是高难度目标的那些敌人——狙击手或精确射手，能对付躲藏在阿富汗公路两旁的游击队员。精确射手不是真正的狙击手，但他使用与狙击手相似的武器，而且也有高超的技术。他是步兵的一部分，必要时负责高难度或远距离射击。

技术参数	
制造国：美国	枪口初速：853米/秒
年份：1987	（2800英尺/秒）
口径：12.7毫米（0.5英寸）	供弹方式：5发弹匣
动作方式：旋转后拉枪机	射程：1000米（3280英尺）
重量：9.53千克（21磅）	以上
枪管长：736毫米（29英寸）	全长：1346毫米（53英寸）

▲ 哈里斯M87R狙击步枪
2011年3月配属于驻阿富汗的美国海豹突击队

美军特种部队某些行动中使用M87R狙击步枪。对突击来说，该狙击步枪过于庞大，但作为支援武器却很有用。

技术参数	
制造国：英国	枪口初速：未知
年份：2006	供弹方式：5或10发弹匣
口径：12.7毫米（0.5英寸）	射程：1500米
动作方式：导气式	（4921英尺）
重量：12.2千克（27磅）	全长：1369毫米
枪管长：692毫米（27.2英寸）	（53.9英寸）

▲ 精密国际AS50狙击步枪
装备驻阿富汗英国陆军特种部队

AS50是精密国际公司生产的最大口径的步枪，它能将爆炸弹药或助燃弹药投送到极远的距离。该枪重量轻且方便运输，还能在3分钟内被分解，能在无工具条件下进行保养。

伊拉克和阿富汗：占领和平叛 2001年至今

虽然有大量科技资源可供使用，现代冲突的胜负往往却是由班组水平决定的。"脚踏实地"从来没有像今天这样重要过。

无论如何，推翻伊拉克的萨达姆·侯赛因政权都绝非易事，但目标至少是明显的。联军部队起初遭到正规军的抵抗，这些正规军能用传统方法定位和攻击。用空中力量、坦克和炮兵摧毁共和国卫队和伊拉克陆军都非常有效。

甚至在联军向巴格达推进期间，非正规武装仍袭扰了后勤部队和确保占领区安全的部队。虽然伊军的主要部队乱作一团，但各个叛乱组织仍是一种挑战。

这些非正规武装中有些人与原来的部队失去联系后，仍决定履行自己保卫祖国的命令，但他们中的大多数并不属于伊军，至少他们不再属于伊军。那些希望继续作战的军人加入了缺乏重武器但仍愿战斗的叛乱团体。其他人有些来自政治或宗教团体，有些人来自伊拉克国外。叛乱分子之间几乎从不协同作战，但他们的活动对试图推翻萨达姆政权的联军来说，仍是让人分心和讨厌的事。这些叛乱分子偶尔会挫败联军，但这影响不了战役结果。

打击叛乱

巴格达陷落，战争因此结束以后，叛乱却并未结束。事实上，当叛乱团伙为各地区和城市的控制权战斗时，叛乱变得更加复杂了。有时，某地的一些叛乱团伙与联军达成停火或合作协议后，其他团伙却又开始新的暴力活动。政治局势一直在变，很难搞清楚哪些团伙是友好的，哪些是中立的，哪些是可疑的，哪些又是彻底敌对的。

在伊拉克对付叛乱分子是一件让人沮丧的事。"友好"的当地人可能在毫无征兆的情况下就变得敌对起来，叛乱团伙会变换效

▲ **FN SCAR**
2009年4月配属于驻阿富汗的美国海军海豹突击队

SCAR是为了满足美军特种部队士兵的要求而研发的。SCAR- L型步枪使用5.56毫米（0.219英寸）弹药；SCAR- H型使用7.62毫米（0.3英寸）弹药。它是一种具有狙击功能的轻型便携式支援武器。

技术参数

制造国：美国	全长：依据改型不同，为各种长度
年份：2009	
口径：7.62毫米（0.3英寸）SCAR-H，5.56毫米（0.219英寸）SCAR-L	枪管长：400毫米（16英寸）SCAR-H，351毫米（13.8英寸）SCAR-L
动作方式：导气式，枪机回转闭锁	枪口初速：870米/秒（2870英尺/秒）
重量：3.58千克（7.9磅）SCAR- H；3.29千克（7.3磅）SCAR- L	供弹方式：20发弹匣（SCAR- H）或北约弹匣（SCAR- L）
	射程：600米（1968英尺）

忠的对象。譬如，费卢杰城的控制权被移交给了当地人领导的安全部队，但他们很快就解散了，将武器给了反抗联军的叛乱分子。因此，美军部队为了这座城市被迫再战斗了一次。

在政局突变，基地被迫击炮和火箭筒袭击的情况下，联军努力争取伊拉克民心完成自己的目标。大部分工作都具有重建性质：恢复城市的水电供应，为那些受到战争影响的人带去人道主义援助和医疗救助。叛乱分子希望，干扰这些事情能使联军失败，所以，简单从危险区撤离并非解决之道。

在这里，联军完成了重要的工作。跟叛乱分子作战与保护人员和设施一样是必要工

▲ **M16A4突击步枪**
2006年4月配属于驻伊拉克安巴尔省美国海军陆战队第2陆战队师

美国海军陆战队使用的M16A4能加装各种配件，包括前握柄、瞄准镜和激光瞄准具。

技术参数

制造国：美国	枪管长：508毫米（20英寸）
年份：1957①	枪口初速：948米/秒（3110
口径：5.56毫米（0.219英寸）	英尺/秒）
使用北约制式弹药	供弹方式：30发弹匣
动作方式：导气式，	射程：800米（2624英尺）
枪机回转闭锁	全长：1003毫米
重量：3.58千克（7.9磅）	（39.5英寸）

技术参数

制造国：美国	全长：（M203榴弹发射器长
年份：1969	度）380毫米（15英寸）
口径：40毫米（1.57英寸）	枪管长：305毫米（12英寸）
动作方式：手动单发	枪口初速：75米/秒
重量：1.63千克（3.51磅）	（245英尺/秒）
射程：400米（1312英尺）	供弹方式：单发装填

▲ **加装M203榴弹发射器的M16步枪**
2011年3月配属于驻阿富汗拉格曼省的美国陆军第4步兵师

M203榴弹发射器能将榴弹投射到更远的地方，比士兵扔的手榴弹更远。但它将被M320榴弹发射器取代。

---

① 应该是2002年左右，1957年装备的是M14，那年最老的M16才开始研发，远未装备。

▶ 枪眼

2005年，在伊拉克与叛乱分子作战期间，一名美军士兵通过墙上的枪眼用M4卡宾枪进行瞄准。结实坚固的M4在城市战中被证明是一款优秀的武器。

作。一个叛乱分子被打死或被抓住后，可能会有其他人取代他。但是，如果将伊拉克的城市恢复到接近正常的状态，反叛组织招募新人将不会那么容易。在潜在的敌对社区活动，联军需要耐心和克制，还要有能预测敌对分子活动的警觉性和小机灵。比如，当地小孩突然从街上消失往往就意味着将发生一场伏击。

根据不同的环境，使用不同的办法。在可能的地方，联军都与当地领袖合作，尝试让当地警察或友好的民兵来维持秩序。这让联军的存在显得不那么有侵略性，也有助于将控制权逐渐移交给伊拉克当局。

然而，当遭到袭击，或对某地失去控制权时，联军不得不运用有针对性且具有压倒性的力量。

尽管近年来美军在轻武器方面做了大胆尝试，大部分美军装备的还是M16枪族的各型号步枪。然而，M16A4和M4卡宾枪，与它们的前辈相比，明显提高了很多。由于能够使用标准导轨系统的许多部件，M4表明自己是一种多用途、高效的战斗武器。城市战斗时，M4轻便且易于使用，它那可伸缩的枪托可根据特定的使用者可调适，其配件

技术参数

制造国：美国	枪管长：368毫米(14.5英寸)
年份：1997	枪口初速：884米/秒
口径：5.56毫米（0.219英寸）	（2900英尺/秒）
使用北约制式弹药	供弹方式：30发弹匣或北约
动作方式：导气式	标准弹匣
重量：2.88千克	射程：400米（1312英尺）
（6.36磅）	全长：838毫米（33英寸）

▲ **柯尔特M4卡宾枪**
2004年1月配属于驻费卢杰美国陆军第82空降师

M4卡宾枪在枪管下部和机匣上方配备了皮卡汀尼导轨，使其能用各种配件。更换配件是件简单的事。

也可根据任务的不同而调换。

另一方面，阿富汗和伊拉克事件表明，有些武器是时候升级或更换了。很多M249班用自动轻机枪已使用20年之久，磨损严重。这些武器仍有效，但仍在使用中的有些枪支已表现出它们有些年头了。

在支援突袭、确保固定检查站的安全、应对防御区的叛乱分子等事情上，装甲车被证明是有用的，但这些任务主要由步兵来负责。有时，某些城市的几乎任何活动，都会遭到狙击手和装备了RPG火箭筒的枪手袭击。因此，即便是日常活动——如重新补给或人员转运——也非常困难。英军发现"多人复合战斗小组"（其实只有半排人员），是一种有用的战斗力量，它提供了足够多的眼睛和足够强的火力，但又不会太庞大，也不会需要不可能得到的人力，在近距离的城市战中非常有效。有时，颇具规模的部队被

美军步兵班，2006		
单位	装备	人数
班长	1支M4卡宾枪	1
医护兵	1支M4卡宾枪	1
火力小组1	1挺M249轻机枪（班用自动武器） 2支M16或M4步枪 1支M16/配M203榴弹发射器	4
火力小组2	1挺M249轻机枪（班用自动武器） 2支M16或M4步枪 1支M16/配M203榴弹发射器	4

投入到一场行动，但是反叛乱工作是一项人力密集型活动，小规模作战单位往往不得不负责大片区域，因为缺乏足够的人手。

英国和美国部队面临着争夺费卢杰、巴士拉这样城市的残酷战争，处置暴动和叛

美军步兵班，2006

一个美国陆军步兵班有9—13名士兵，由1名上士领导。每个班都含有至少2个火力小组。每个火力小组有4个人，由1名下士领导。1个火力小组有2名步枪手（其中1人为小组领导）、1名掷弹手和1名装备1挺M249轻机枪的自动步枪手。有时，因任务需要，步兵班会得到精确射手的支持。

班长（1支M4卡宾枪）医护兵（1支M4卡宾枪）

火力小组1（1挺M249班用自动武器、2支M4卡宾枪、1支M16/M203榴弹发射器）

火力小组2（1挺M249班用自动武器、2支M4卡宾枪、1支M16/M203榴弹发射器）

乱分子袭击，并同时留心周围的民众。这种环境下发生的绝大多数战斗都是近距离战，枪手会在房顶上、楼上的窗户边，也会在街上。RPG-7火箭筒不受限制地被用来攻击建筑、人员及车辆。当坦克或步战车在经受几次打击后仍幸存时，步兵编队使用的路虎和悍马就很脆弱了。对付火箭弹最好的办法就是快速准确的还击——这很有希望消灭操作火箭筒的人，或迫使他在发射前寻找掩护，或匆忙射击而非仔细瞄准之后再射击。开阔的道路也很危险，因为可能会有伏击和路边炸弹。对叛乱分子来说，联军保持战斗力需要的后勤设备，是诱人的目标。探测和移除简易爆炸装置，是联军非常重要的任务。他们使用各种办法和技术，包括专业的炸弹处理设备、传统的炸弹雷管拆除技术。大威力步枪被一些炸弹处理人员用来在安全距离上摧毁简易爆炸物。

虽说阿富汗战争与伊拉克战争的特点有些不同，但简易爆炸装置在阿富汗也是一种威胁。入侵阿富汗与发动伊拉克战争的原因是一样的——2001年9月11日对美恐怖袭击。在阿富汗，开始也有以政权更迭为目的的军事行动，随后是漫长的叛乱活动。

阿富汗

2001年入侵阿富汗时，阿富汗正处于伊斯兰原教旨主义者塔利班的控制下，塔利班公开资助针对西方的恐怖主义。经过苏联数年的占领和内乱后，阿富汗无力反抗联军的首

▲ **班组突击**

2004年，美国海军陆战队的某个班组在费卢杰争夺战中进行调动。当一个机枪小组使用M240轻机枪提供掩护火力时，另一个机枪小组匆匆穿过开阔地带准备建立一处新阵地。

次攻击，这次攻击废除了塔利班政权，建立了一个过渡政府，随后是民主选举。

阿富汗新政府有国际联军的支持，联军保护着首都喀布尔及附近区域。然而，全国很大一部分地区都处于政府的控制之外。许多派系实质上属于部落，他们控制着阿富汗的各个地区。这些派系中的有些游击队员忠于已被推翻的塔利班，或至少忠于塔利班的原教旨主义。

入侵阿富汗后，联军就尝试定位并逮捕恐怖组织的诸位领导人，尤其是奥萨玛·本·拉登。虽然这件事最终完成了，但过程却很漫长，叛乱分子失去阿富汗各省控制权的过程也是如此。在伊拉克，民众是否支持新政府，很大程度上基于新政府是否能击退游击队并保护他们。

渗透和游击战术

虽然塔利班基本上被挤出了主要城市，但他们还是能潜回城市实施袭击。他们也能

<table>
<tr><td colspan="2">技术参数</td></tr>
<tr><td>制造国：美国</td><td>枪管长：560毫米</td></tr>
<tr><td>年份：1994</td><td>（22.05英寸）</td></tr>
<tr><td>口径：7.62毫米（0.3英寸）</td><td>枪口初速：860米/秒</td></tr>
<tr><td>使用北约制式弹药</td><td>（2821英尺/秒）</td></tr>
<tr><td>动作方式：导气式，气冷式</td><td>供弹方式：弹链供弹</td></tr>
<tr><td>重量：8.61千克（18.98磅）</td><td>射速：550发/分钟</td></tr>
<tr><td>全长：1067毫米</td><td>射程：1100米（3609英尺）</td></tr>
<tr><td>（42英寸）</td><td>以上</td></tr>
</table>

▲ **M60E3通用机枪**
2011年3月配属于在阿富汗的美国海军海豹突击队

不仅美国海军陆战队使用M60E3通用机枪，某些特战单位也使用该枪，但该枪总体上已被M240通用机枪取代。

<table>
<tr><td colspan="2">技术参数</td></tr>
<tr><td>制造国：比利时/美国</td><td>枪管长：630毫米</td></tr>
<tr><td>年份：1977</td><td>（24.8英寸）</td></tr>
<tr><td>口径：7.62毫米（0.3英寸）</td><td>枪口初速：853米/秒</td></tr>
<tr><td>使用北约制式弹药</td><td>（2800英尺/秒）</td></tr>
<tr><td>动作方式：导气式，开膛待击</td><td>供弹方式：弹链供弹</td></tr>
<tr><td>重量：11.79千克（26磅）</td><td>射速：650—1000发/分钟</td></tr>
<tr><td>全长：1263毫米（49.7英寸）</td><td>射程：800米（2625英尺）</td></tr>
</table>

▲ **M240通用机枪**
2006年4月配属于进攻伊拉克安巴尔省的美国海军陆战队第2师

M240通用机枪最初被美军用作车载武器，但最终它取代了M60，担负起通用机枪的角色。

控制很多省城和村庄，从那些不情愿给他们资助的人手里搜刮资金和补给。打破塔利班对城镇的控制权并不是大问题，但让他们不在城镇就是另外一回事了。

阿富汗人民自古就与各种入侵者打过游击战，有时，他们使用的武器与祖先使用的一样。塔利班战士装备苏联入侵或更早期的入侵时夺来的武器，譬如李恩菲尔德步枪，甚至有20世纪以前的武器。有时候，在山上，他们使用祖先曾用过的埋伏点。

对付如此有经验的游击战士，需要在特定地方摧毁他们的力量，并协助当地人获得阻止塔利班再回来的力量和信心。更为重要的是，必须说服当地人相信，这么做是为了他们的利益。这意味着必须脚踏实地做事情——巡逻、创建安全部队和警察队伍。塔利班士兵有时会潜入安保或警察单位，得到训练和获知敌人战术后就"翻墙"回到同伙那里去。有些人甚至在逃跑前就对"盟友"发起袭击。

尽管有这些困难，平定叛乱的核心任务仍是国家建设。敌方的战斗力也必须被削弱，这意味着得将战争带到叛乱分子那里去。此外，还包括赢得民心，增强民众实力。联军对塔利班偏远地区的据点发动了攻击，因为很多据点位于陡峭的山谷，使用炮兵和装甲部队的机会就很小，有用的新一代精确弹药则另当别论。

全球卫星定位系统、激光制导炮弹和炸弹，使打击此前能免疫炮击的地区变得可行，巨型钻地炸弹能危及以前难以攻克的山洞和地道据点。然而，要想获得成功，联军就必须在乡村、群山与塔利班战斗。

多年来，一直有稳步转向小口径武器的趋势。7.62×51毫米战斗步枪让位给5.56×45毫米突击步枪。很大程度上，这个选择是正确的。在最可能发生战斗的距离内，小口径武器和大口径武器一样致命，而

▲ M249班用自动武器（SAW）
2004年1月配属于进攻费卢杰的美国陆军第82空降师

M249是一款班级支援武器，常用于突击战中。除了连在一起的弹链外，它还接受步枪弹匣供弹。

技术参数

制造国：美国	枪管长：521毫米（21英寸）
年份：1982	枪口初速：915米/秒
口径：5.56毫米（0.219英寸）	（3000英尺/秒）
使用北约制式弹药	供弹方式：30发弹匣或200发
动作方式：导气式，开膛待击	弹链
重量：7.5千克（17磅）	射速：750～1000发/分钟
全长：1041毫米（41英寸）	射程：910米（2985英尺）

▶ 监视任务

2009年7月阿富汗拉卡里巴扎（Lakari Bazaar），装备着精密国际公司L96狙击步枪的英国皇家海军陆战队狙击手小组正向敌方开火还击。步枪的枪托和枪管缠着带子，是为了防止步枪反光暴露他们的位置。

且小口径步枪的有效射程超过普通士兵能打中目标需要的距离。

大多数现代战争发生在相当近的距离，这时，火力比精度更为重要。因此，尽管大部分突击步枪的有效射程为300—400米（984—1312英尺），对付敌人也往往绰绰有余。但遭遇埋伏在数百米外岩石后和道路上方的塔利班枪手时，装备了M4或M16的部队可能会发现他们的武器缺乏精确的射程。这一距离的枪法训练可能也比较缺乏。

因此，"精确射手步枪"证明自己在阿富汗是无价之宝。大口径且拥有更远精确射程的这种步枪，在几乎有狙击手水平的士兵手中，能对伏击做出精确的还击。此外，大口径武器在与山谷远端的敌对分子对射时也很有用。

然而，被部署到阿富汗的大多数部队装备的仍是5.56毫米（0.219英寸）突击步枪，这些步枪在大多数遭遇战中的表现是令人满意的。装备了突击步枪、班用支援武器和一挺通用机枪的步兵班提供的火力是令人印象深刻的。当敌众我寡，我方正守卫检查站或

▲ 迪玛科C8卡宾枪
2002年3月配属于驻阿富汗帕克蒂亚省的加拿大帕特里夏公主轻步兵团

C8是加拿大版的M4卡宾枪，加拿大制造的相当于M16的步枪被赋予了C7的编号。

技术参数			
制造国：加拿大		枪管长：508毫米（20英寸）	
年份：1994		枪口初速：900米/秒	
口径：5.56毫米（0.219英寸）		（3030英尺/秒）	
使用北约制式弹药		供弹方式：30发弹匣	
动作方式：导气式		射程：400米（1312英尺）	
枪机回转闭锁		全长：1006毫米	
重量：未装弹时3.3千克(7.3磅)		（39.6英寸）	

技术参数
制造国：英国
年份：1985
口径：5.56毫米（0.219英寸）
动作方式：导气式
重量：3.71千克（8.11磅）
全长：709毫米（27.9英寸）
枪管长：442毫米（17.4英寸）
枪口初速：940米/秒
（3084英尺/秒）
供弹方式：30发弹匣
射程：300米（984英尺）

▲ L22卡宾枪
2011年7月配属于驻阿富汗的英国陆军第7装甲旅

L22是L85突击步枪的缩短版，一些英军车组人员和其他
需要一款紧凑武器的人员使用该枪。

技术参数
制造国：英国
年份：1997
口径：7.62毫米（0.3英寸）
/0.300英寸温彻斯特马格南弹
8.58毫米（0.338英寸）/0.338
英寸拉普阿马格南弹
动作方式：旋转后拉枪机
重量：6.8千克（15磅）
全长：1300米（51英寸）
枪管长：686毫米（27英寸）
枪口初速：约850米/秒
（2788英尺/秒）
供弹方式：5发弹匣
射程：使用0.300英寸温彻
斯特马格南弹时为1100米
（3609英尺）、使用0.338
英寸弹药时为1500米（4921
英尺）

▲ L115A3/极地作战用马格南狙击步枪
2009年11月配属于驻阿富汗赫尔曼德省的英国陆军皇家骑兵团

世界最远距离的狙击纪录——实际上是快速连续杀2
人——是由英军下士克莱格·哈里森使用L115A3狙击步
枪在2475米（8119英尺）的距离上创造的。

▲ L129A1神枪手步枪
2011年3月配属于驻阿富汗赫尔曼德省的英国陆军第16空中突击旅

L129A1步枪是为了满足步兵部队远距离上的迫切需求而
被制造出来的。作为一款半自动武器，它提供了比L96这
种栓动狙击步枪更强的火力。

技术参数
制造国：英国
年份：2010
口径：7.62毫米（0.3英寸）
使用北约制式弹药
动作方式：导气式，半自动
重量：4.5千克（9.92磅）
枪管长：406毫米（16英寸）
枪口初速：未知
供弹方式：20发弹匣
射程：800米（2625英尺）
全长：990毫米
（38.9英寸）

前进基地时，火力是胜败的决定因素——至少要坚持到增援抵达。

对枪挂式榴弹发射器的运用，使步兵班有了间接区域火力能力，大大增强了步兵威力。一个有经验的榴弹手即使躲在掩体后也能向一群敌对分子投射40毫米（1.57英寸）榴弹。随后，他可以继续使用他的步枪，这保证了他榴弹发射能力并不会占用掉班组的步枪。对小型作战单位来说，一支步枪也是重要的资产。

▲ **黑克勒&科赫 HK416突击步枪**
2009年5月配属于驻阿富汗昆都士省的德国陆军步兵第41机械化旅

HK416突击步枪以美制M4卡宾枪为基础，使用由G36步枪改进而来的气动活塞。它有四种皮卡汀尼导轨可备选。美军和挪威武装部队也使用该突击步枪。

技术参数

制造国：德国	枪口初速：随枪管长度和所用
年份：2005	子弹的不同而不同
口径：5.56毫米（0.21英寸）	供弹方式：20或30发弹匣，
动作方式：导气式，	或100发容弹量贝塔C型盒式
枪机回转闭锁	弹匣
重量：2.950千克（6.50磅）	射程：365米（1200英尺）
枪管长：228毫米（9.0英寸）	全长：690毫米（27.2英寸）

技术参数

制造国：德国	全长：1030毫米（40.6英寸）
年份：2005	枪管长：482毫米（19英寸）
口径：5.56毫米（0.219英寸）	枪口初速：920米/秒
北约制式弹药	（3018英尺/秒）
动作方式：导气式，	供弹方式：可散弹链
枪机回转闭锁	射速：850发/分钟
重量：8.15千克（17.97磅）	射程：约1000米（3280英尺）

▲ **黑克勒&科赫MG4**
2009年7月配属于驻阿富汗昆都士省的德国陆军第26空降旅

MG4机枪作为一种班用支援武器在20世纪90年代被研发出来。它的枪托可折叠，在上下车和直升机时可缩短，枪托折叠状态下该枪仍可发射。

▲ **海白尔KH2002突击步枪**
2004年后伊拉克圣战者曾使用该枪

该枪是从M16改装而来的，尽管被禁止走私武器，伊斯兰士兵还是设法弄到了这种伊朗制造的海白尔突击步枪。

技术参数	
制造国：伊朗	枪管长：未知
年份：2004	枪口初速：900-950米/秒
口径：5.56毫米（0.219英寸）	（2952-3116英尺/秒）
动作方式：导气式，	供弹方式：各种北约标准化弹
枪机回转闭锁	匣
重量：3.7千克	射程：450米（1476英尺）
（8.15磅）	全长：730毫米（28.7英寸）

东亚的紧张形势 1980年至今

远东地区的紧张局势既是旧怨的结果，也是由于冷战未解决的问题造成的。

当今亚洲的许多冲突，究其根源是历史性的，往往难以找到一场现代战争发生的根本原因。这样就很难找到持久的解决方案，因为在这一地区数十年乃至几世纪以来，一直有对抗势力。

第二次世界大战及中国内战（1939—1949）对这一地区有重大影响。在东亚，不仅西方殖民的影响被显著削弱了，中国的成立也在这已沸腾的锅加入了新的意识形态冲突。正如我们看到的那样，共产主义与民主之间的冲撞是越战和朝鲜战争的重要原因。朝鲜战争大部分是由二战后对朝鲜的专横分割引起的——北部由苏联部队占领形成一个共产主义国家，南部则亲西方，有大量美国和其他盟国部队。

以谈判或战争等方式重新统一这个国家的尝试失败后，一场持续至今的武装对峙就此开始。这起冲突因朝鲜半岛沿海岛屿的归属争议变得更加复杂。任何国家都有权在自己的领土上部署军队，但在边界附近岛屿上部署军队则被视为一种挑衅。

朝鲜和韩国自20世纪50年代后就未发生过公开冲突，但它们都有强大的军事力量，军事冲突屡屡发生。朝鲜使用共产主义国家普遍使用的军事体系，很多军事技术也是从中国和苏联获得的。它的武器水平低，很容易看出是俄国或中国武器的仿制品。

韩国军队的装备似乎深受西方的影响，M16弹匣和制式光学瞄准镜常常能与原版一致。韩国装备的科技含量似乎比朝鲜的要高，而且它的装备与美军装备可通用，因此，美军肯定会协助韩国击退朝鲜发动的新入侵。

中国是国际社会的主要力量，其装备与其他先进国家装备的技术差距正在缩小。当前中国的武器可能仍有苏联的印记，但随着中国研发新军备的经验增长，这些武器将变得更精良。

中国军队仍强调庞大的可用人力多于技术成就。装备这样一支庞大的军队迫使装备在设计时就得考虑成本和易维护性，因此，许多中国武器习惯上简易且坚固耐用。

▲ 中国北方工业公司 86S突击步枪
20世纪80年代中期配属于中国人民解放军

除外观外，86S突击步枪的内部构造在很多方面都与AK系列突击步枪有共同之处。该枪并未全面列装。

技术参数

制造国：中国	枪管长：438毫米 (17.2英寸)
年份：1980	枪口初速：710米/秒
口径：7.62毫米（0.3英寸）	（2329英尺/秒）
动作方式：导气式	供弹方式：20、30发弹匣
重量：3.59千克（7.91磅）	射程：300米（984英尺）
全长：667毫米(26.25英寸)	

技术参数

制造国：中国	枪管长：445毫米 (17.5英寸)
年份：1977[①]	枪口初速：720米/秒
口径：7.62毫米（0.3英寸）	（2362英尺/秒）
动作方式：导气式，	供弹方式：30发弹匣或75发
枪机回转闭锁	弹鼓
重量：3.4千克（7.5磅）	射速：约650发/分钟
全长：955毫米（37.6英寸）	射程：500米（1640英尺）

▲ 81式步枪
20世纪90年代早期装备中国人民解放军

该枪明显是由AK枪族发展来的，它采用突击步枪和轻机枪的结构。该枪可由75发弹鼓供弹，也可使用标准的步枪弹匣供弹。

技术参数

制造国：中国	枪管长：463毫米（18.2英寸）
年份：1997	枪口初速：930米/秒
口径：5.8毫米（0.228英寸）	（3050英尺/秒）
使用DBP87弹药	供弹方式：30发弹匣或75发
动作方式：导气式，	弹鼓
枪机回转闭锁	射程：400米（1312英尺）
重量：3.25千克	全长：步枪型为745毫米
（7.2磅）	（29.3英寸）

▲ **95式自动步枪**
1995年装备中国人民解放军

围绕着特别研发的新口径弹药[2]，中国设计师创造了一个全新的枪族。

技术参数

制造国：中国	全长：枪托展开时960毫米
年份：2003	（37.79英寸），枪托折叠时
口径：5.8毫米（0.228英寸）	710毫米（27.95英寸）
使用DBP87弹药、5.56毫米	枪管长：未知
（0.219英寸）使用北约制式弹药	枪口初速：930米/秒
动作方式：导气式，	（3050英尺/秒）
枪机回转闭锁	供弹方式：30发弹匣
重量：3.5千克（7.71磅）	射程：400米（1312英尺）

▲ **03式自动步枪**
2005年装备中国人民解放军

对95式自动步枪的不满使中国设计师回到了由81式演化的更传统武器。该制式步枪可在不加装适配器的情况下发射枪榴弹。

---

① 81式步枪1979年研制，1981年定型，1983年量产。
② 即我国国产5.8毫米口径弹药，在轻武器小口径化浪潮中，该口径较为特殊，与美苏均不同。

▲ 65式步枪
1985年装备国军

该枪深受美国M16枪族的影响，在20世纪70年代引进，经过不断更新最终变成了65式K2型。

技术参数

制造地区：中国台湾	枪管长：508毫米（20英寸）
年份：1976	枪口初速：990米/秒
口径：5.56毫米（0.219英寸）	（3248英尺/秒）
使用北约制式弹药	供弹方式：各种北约标准化弹匣
动作方式：导气式	
重量：3.31千克（7.29磅）	射程：500米(1640英尺)以上
全长：990毫米（38.5英寸）	

▶ 大宇K1卡宾枪
1990年装备韩国武装部队

研发K1卡宾枪是为了替换韩国老化的M3冲锋枪和其他使用中的美式武器。因为师出同门，即便该枪发射的是步枪弹药，它有时仍被视为冲锋枪。

技术参数

制造国：韩国	全长：838毫米(32.99英寸)
年份：1981	枪管长：263毫米
口径：5.56毫米（0.219英寸）	（10.35英寸）
使用北约制式弹药	枪口初速：820米/秒
动作方式：导气式，	（2690英尺/秒）
枪机回转闭锁	供弹方式：各种北约标准化弹匣
重量：2.87千克	
（6.32磅）	射程：250米（820英尺）

▲ 英萨斯突击步枪

1999年配属于驻克什米尔卡尔吉尔地区的印度陆军第2拉杰普塔纳步兵营

基于AK-47系列步枪中的一种，"英萨斯"（印度国产轻武器）步枪是一种气动型步枪。它有半自动或全自动模式，还能打出3发点射。支援型的英萨斯突击步枪与普通型的不同之处在于它较重的枪管，枪管不同的来复线能提高其长距离上的准确性。英萨斯步枪参与了1999年爆发的卡尔吉尔战争，在那里，它的可靠性被发现有些问题。

技术参数	
制造国：印度	全长：960毫米（37.8英寸）
年份：1998	枪管长：464毫米(18.3英寸)
口径：5.56毫米（0.219英寸）	枪口初速：900米/秒
使用北约制式弹药	（2953英尺/秒）
动作方式：导气式	供弹方式：20或30发弹匣
重量：4.25千克（9.4磅）	射程：800米（2625英尺）以上

东南亚 1980年至今

东南亚的紧张局势和冲突历来已久，既牵涉到各个国家，也牵涉到一些正为建国或独立而努力的无国籍组织。

战后，殖民国家的撤离和共产主义的兴起为东南亚亚已存在的紧张局势火上浇油。这一地区有世界上最强的几个经济体，也包括地球上最贫困的一些地区，所以，频繁的冲突不可避免。

有些冲突是因为经济原因。譬如，有大量船只需要通过位于印尼和马来半岛之间的马六甲海峡，这条狭窄的水道有海盗团伙，他们用直升机和小船攻击脆弱的船只。虽然世界各国的海军和当地执法机构竭尽所能，这些海盗仍能撤退到海岸附近的村子和海岛，在他们不活动的时候藏起来。

除了对当地政府官员施加影响外，这些海盗的行动没有丝毫政治目的。然而，在东南亚的其他地方存在政治冲突。有一场冲突就见证了世界上最新的主权国家的诞生——东帝汶民主共和国，一般叫东帝汶。

该国的建国根源源自于葡萄牙从本地区的殖民地撤离后当地人的一份独立声明。独立行动遭到了印尼的阻止，结果是血腥的战斗。20世纪80年代到20世纪90年代，游击战一直持续着，直到国际压力迫使印尼军队撤离东帝汶并允许其独立时，战争才结束。

东南亚其他冲突则是内部冲突，譬如缅甸内战。缅甸虽拥有丰富的自然资源，却极其贫困，政府也极其腐败。一场军事政变在1962年把军政府推上了前台，虽然实行了选举，但禁止其他党派参选使这种选举仅是一种公共关系的姿态。

反政府行为遭到严厉的处理，对那些不被缅甸政府承认为缅甸公民的民族团体，军政府实行种族主义政策。这些行动导致1988年的大规模起义和军事政变，正是在那一年，缅甸启用了新的英文国名。缅甸内部的冲突仍在继续，但细节难以被外部所知。外界谴责了缅甸的强迫劳工项目和持续进行的

压迫或消灭政府不喜欢的团体的行动。

缅甸的国内冲突通常由步兵和轻型车辆来作战，有空中支援和作用相对较小的炮兵支援。"重新确立政府对主权领土的控制"和"恫吓人民以便使其屈服"，这两者之间的界限十分微妙，外界很少能得到战斗或冲突的细节，很难确定缅甸内部冲突的实质。

东南亚部分区域最近几年并未发生冲

▲ SR-88
1987年装备新加坡武装部队

该枪是由SAR-80研发来的，它在东南亚地区的各国武装部队中取得了良好的销售成绩。它可加挂一只M203枪挂榴弹发射器。

技术参数

制造国：新加坡	枪管长：460毫米（18.1英寸）
年份：1984	枪口初速：未知
口径：5.56毫米（0.219英寸）	供弹方式：30发弹匣
使用北约制式弹药	射程：800米（2625英尺）
动作方式：导气式，	全长：960毫米（37.7英寸）
枪机回转闭锁	重量：3.68千克（8.11磅）

技术参数

制造国：新加坡	枪管长：460毫米（18.1英寸）
年份：1990	枪口初速：未知
口径：5.56毫米（0.219英寸）	供弹方式：30发弹匣
使用北约制式弹药	射程：800米（2625英尺）
动作方式：导气式，	全长：960毫米（37.7英寸）
枪机回转闭锁	重量：3.68千克（8.11磅）

▲ SR-88A突击步枪
1990年装备新加坡武装部队

SR-88A步枪是SA-88步枪的一种改良版，使用更轻便的材料制造。该枪也有短卡宾式配置，为空降兵、车组乘员专用。其弹匣机构可接受普通M16弹匣或可在M16步枪上使用的C型弹匣。

突。譬如新加坡是一个高度繁荣的岛国，拥有健康的军工业。它生产的武器与许多西方武器一致，很多时候都可以互换附件和弹匣。这些武器有许多都被出口，为许多面临是选择西方、俄国还是中国武器的进口商提供了一种替代选择。

直到最近，一个寻求武器的国家还曾在西方或共产主义供应者之间做选择。然而，今天，可供出售的高质量武器范围已大大扩大。虽然这不是因为东南亚军火制造工业的扩张，但它已成为一个重要因素。

▲ SAR 21突击步枪
2004年装备新加坡武装部队

SAR 21突击步枪是世界上首款在提柄中配了一只激光辅助瞄准器的突击步枪。该枪也生产卡宾枪型和轻型支援型。

技术参数

制造国：新加坡	枪管长：508毫米（20英寸）
年份：1999	枪口初速：970米/秒
口径：5.56毫米（0.219英寸）	（3182英尺/秒）
使用北约制式弹药	供弹方式：30发弹匣、塑料
动作方式：导气式，	或北约标准化弹匣
枪机回转闭锁	射程：460米（1509英尺）
重量：3.82千克（8.42磅）	全长：805毫米（31.7英寸）

技术参数

制造国：印度尼西亚	全长：990毫米（38.97英寸）
年份：2005	枪管长：740毫米
口径：5.56毫米（0.219英寸）	（29.13英寸）
使用北约制式弹药	枪口初速：710米/秒
动作方式：导气式，	（2329英尺/秒）
枪机回转闭锁	供弹方式：各种北约标准化弹匣
重量：3.4千克	射程：500米（1640英尺）
（7.49磅）	

▲ 印尼陆军兵工厂SS2突击步枪
2007年装备印尼武装部队

该步枪是从FN FNC步枪演化来的，它其实是一个枪族，包括卡宾枪、步枪和各种"次狙击"版本，所有这些枪支都基于同一种机匣。如图所示，它还可加装一只枪挂榴弹发射器。

第六章

维和、反恐与执法

历史上少有"绅士的战争",即从人道主义或者社会层面来
说,这些战争的情况都不复杂。
现代军事行动必须越来越多地在作战和低烈度的冲突之间进
行转换。在这些行动中,部队被寄希望能维持法律和秩序,
执行停火或是处置一些混在普通人中间的叛乱分子。
相反,执法部门得处理许多全副武装的叛乱团伙,如恐怖组
织或毒品垄断集团。虽然支援部队可随叫随到,但经常冲在
前线的还是那些执法人员。

◀ **控制暴乱**

2002年11月的加拉加斯,委内瑞拉国民警卫队员用霰弹枪向示威者开枪,以
便使乌戈·查韦斯总统的支持者,与那些反对政府以军事力量接管加拉加斯警
察部队的示威者脱离接触。

导言

处理犯罪活动和军事反对派之间的界限十分微妙。有些犯罪组织有军用装备，很多政府都认为准军事叛乱组织是平民罪犯，而不是敌对战斗人员。

当部署军队的目的是"协助民事力量"时，军队有一定的执法权，但他们通常是去援助警察，而不是取代警察。如果已宣布实施戒严法，情况就不一样了。但通常情况下，军队是来协助和支持普通执法的。被捕的准军事组织成员在法庭上受审，因别人也可能犯的罪行被起诉——谋杀、非法持有武器，等等。如果不使用特殊法律，就必须遵循普通司法体系。协助民事力量的军事人员，同样受到交战规则的约束。在战区，

敌方战斗人员是合法的目标，协助警察的部队通常是逮捕嫌犯，而不是对其开火。当然，部队有可能会在遭遇枪击、保护无辜者的情况下使用武器，但是，只要疑犯未明确表明意图，他们都被认为是嫌疑犯，而不是敌方战斗人员。

维和部队处于相似的境地。他们必须经常在敌对民众或潜在的敌对民众中开展行动——强制执行停火或本地政治团体不希望的国际授权行动。尽管维和部队人员是敌对

▲ 印尼维和士兵

1960年，作为联合国维和行动的一部分，印尼陆军士兵在肯尼亚蒙巴萨登上一架飞机以便飞往刚果（布）伊丽莎白维尔①。他们装备的是带有枪口消焰器附件的M3冲锋枪。

① 即刚果民主共和国城市卢本巴希。

▲ **寻找掩护**
1977年，在阿尔斯特与爱尔兰共和国边界进行的一次巡逻中，一名受伤的英国士兵正在操作一挺L4布伦轻机枪。

分子的目标，他们也得继续遵守交战规则。这使他们不能采取先下手为强的自保行动，狙击手朝他们保护的无辜人群上空开火时，他们也不能有所作为。

反恐作战

关于叛乱者和游击队员的地位，有一些哲学问题。譬如，他们到底是罪犯还是敌方战斗人员，这对恐怖分子来说，也是一样。任何用恐惧来达到政治、宗教或社会目的的组织，都可以被称为恐怖组织。根据法律，恐怖分子是罪犯，也可以成为军事行动的目标。例如，如果一处恐怖分子训练营或武器贮藏所被确认了，这地方可能会被执法部门人员扫荡，也可能会被军事行动消灭掉。

如果该地方在国外，超出了国内执法机构的范围，那么就有可能采用后一种方案。大多数时候，国内反恐是接受过特殊训练的准军事执法部门的工作。这些部门配备了军事装备且训练水平很高。他们不擅长与外国军队作战，但却擅长处理小规模恐怖组织或拥有重装备的罪犯。因此，反恐涉及军事部门和执法部门。

城市问题

反恐人员和执法人员通常在城市行动，在那里，无辜的人到处都是。这种情况下，精确尤其重要，也正是由于这个原因，相比全自动武器，反恐人员和执法人员更喜欢半自动武器。战斗一般发生在短距离内，通常在建筑物里。即使是采取狙击行动，其距离也很少超过100—200米（300—600英尺）。一个重要原因就是子弹的过度渗透，执法警官不能承受子弹穿透目标后打伤其他人，或是子弹没有击中目标却击穿一堵墙后击中了旁观者这样的代价。

针对这些问题，必须快速平衡使目标"停止"的需要。警官人数往往处于劣势，而且可能为了防止敌对分子威胁普通人而不得不开枪。相较于使犯罪分子或恐怖分子残废，对致命性则考虑得不多。

北爱尔兰：英国武装部队 1968—1998

北爱尔兰动乱的参与方包括几个准军事组织、皇家北爱尔兰警察和英国陆军。

北爱尔兰的政治局势一直都很复杂，天主教徒和新教教徒在宗教上泾渭分明，但他们政治上的信仰却并不总是像他们宗教上的情况那样并行不悖。是继续作为联合王国的一部分还是加入爱尔兰共和国的问题为这场冲突的某些团体提供了动力，但其他团体却不同，它们对本地区的政治前途并不关心。

麻烦究竟是从什么时候开始的，有不同的观点。由于本地区的历史，北爱尔兰总是有不同程度的政治煽动和宗派暴力运动。然而，20世纪60年代中期开始，局势朝着更暴力的方向发展。1969年8月，英国部队被部署到爱尔兰协助当局维持秩序。发起这一行动的原因是严重的暴乱事件已造成数人死亡。然而，英国军队却不能阻止暴力逐步升级。对贝尔法斯特的居民来说，接下来的几年非常困难。

动乱期间，一些准军事组织渐渐浮现出来。当爱尔兰共和军攻击新教徒和英国陆军时，乌尔斯特志愿军[①]这种忠于英国的团体将天主教社区当作目标。当然，双方都宣传自己只是在保护己方的人民免受侵略。1969年，爱尔兰共和军分裂为爱尔兰共和军正统派和爱尔兰共和军临时派，前者主要关心政治活动，后者则直接行动。就像北爱尔兰的其他准军事组织，爱尔兰共和军也被政府当局宣布为非法组织，但并未被认定为敌对军事力量。因此，英国陆军正式支持民间力量抵抗英国公民组成的犯罪团伙。它仅局限于支持警察，而不是与爱尔兰共和军打仗。

维和角色

在长达30年的时间里，英国陆军在北爱尔兰轮流换防，部署在贝尔法斯特及其附近地区。部队作为维和人员而不是战斗人员在检查站或街上巡逻，支持警方行动。英军发动过一些大行动。1972年，当地人在贝尔法斯特和德里大部分地区的路口设置了路障。7月底，英军发动了"摩托人行动"，他们向禁区派遣了几千人的部队、装甲工程车，以便拆掉这些路障。如此占绝对优势的力量使爱尔兰共和军并未试图抵抗。

一些英国陆军基地曾被围困过。在一些地区，用直升机进行补给是唯一可行的办法，因为路边多炸弹，敌军还时不时伏击和

▲ 反狙击行动

1978年在贝尔法斯特，装备着有瞄准镜的L1A1步枪的英军士兵正密切注意着敌方行动。

---

① 又称北爱志愿军。

技术参数

制造国：英国	枪管长：196毫米（7.7英寸）
年份：1956	枪口初速：395米/秒
口径：9毫米（0.35英寸）	（1295英尺/秒）
使用派拉贝鲁姆手枪弹	供弹方式：34发弹匣
动作方式：自由枪机式	射程：200米（656英尺）
重量：空仓状态下2.7千克	全长：枪托展开状态下686毫
（5.9磅）	米（27英寸），折叠状态下
	481毫米（18.9英寸）

▲ **斯特林L2A3冲锋枪**
1972年7月配属于驻北爱尔兰德里的英国陆军皇家工程兵部队

斯特林冲锋枪的A3改型是在1956年开始列装英国陆军的。这是大力服役的最后一种斯特林冲锋枪。

▲ **黑克勒&科赫 HK53冲锋枪**
1979年10月配属于在北爱尔兰的英国陆军第14情报连

由于HK53的火力比传统的9毫米口径冲锋枪要强，因此它受到了特别空勤团情报小组的青睐。

技术参数

制造国：德国	枪管长：225毫米（8.85英寸）
年份：1975	枪口初速：400米/秒
口径：5.56毫米（0.219英寸）	（1312英尺/秒）
使用北约制式弹药	供弹方式：25或30发弹匣
动作方式：半自由枪机式	射程：400米（1312英尺）
重量：空仓状态下2.54千克	全长：枪托展开状态下680毫
（5.6磅）	米（26.8英寸）

袭击陆地补给运输队。由于安特里姆郡的某些地区支持爱尔兰共和军，这些地区被英军称为"盗匪郡"。在这些地方开展行动是非常危险的。

行动中的L1A1自动步枪

L1A1在城市战中并不理想。这种枪又长又重，它是为了在远距离接战而设计的，而不是为了快速通过城市而设计的，但这种枪在击中目标时提供了很好的拒止力。在乡村或建筑物里的掩体后操作时，L1A1的精度使这种枪非常有效。任何一名使用L1A1的士兵都能瘫痪准军事组织人员使用的车辆，而且还能与远处对小口径武器有免疫力的狙击手对战，并对其进行压制。当在准军事组织控制的乡村巡逻时，这点非常有用。

特种部队的角色

在不同时期，英军特种部队都曾被部署到北爱尔兰，以掩护的形式对抗准军事组织。虽然他们有其他任务，但职责多半是收集情报和监察。特种部队发起过很多逮捕爱尔兰共和军的行动，秘密接近目标并快速打击，或是在乡间搜寻。他们还参与了1987年保卫洛夫高警察局的行动。获知爱尔兰共和军打算攻击洛夫高警察局后，特别空勤团（SAS）的一支分遣队设伏。一队用偷来的挖掘机携带大炸弹的爱尔兰共和军人员接近警察局时被伏击。8名爱尔兰共和军死亡。

通常，准军事组织和军队之间的冲突相对来说是小规模事件。英军学会了在巡逻时高效利用掩蔽物，并发展了优秀的城市反狙击战术。他们的目标通常是逮捕那些袭击警察、军队或平民的叛乱分子，必要时，他们也可以开枪。虽然英军多年来源源不断地伤亡，但仍能在寻求政治途径解决北爱尔兰问题时保持当地局势处于控制之下。

技术参数英国	
年份：1958	枪口初速：853米/秒
口径：7.62毫米（0.3英寸）	（2800英尺/秒）
动作方式：导气式，半自动	供弹方式：20发弹匣
重量：4.31千克（9.5磅）	射程：800米（2625英尺）
枪管长：535毫米（21.1英寸）	以上
	全长：1090毫米（43英寸）

▲ **L1A1自动步枪**
1979年9月配属于驻贝尔法斯特的英国陆军伞兵团第2营

该枪强有力的子弹是把双刃剑：一方面它让部队能干掉藏在一般砖墙后的狙击手；同时，当跳弹或脱靶时，它也使位于跳弹半径内的所有人都处于危险中。

技术参数	
制造国：英国	枪管长：700毫米（27英寸）
年份：1970	枪口初速：744米/秒（2441
口径：7.62毫米（0.3英寸）	英尺/秒）
动作方式：旋转后拉枪机	供弹方式：10发弹匣
重量：4.42千克	射程：500米（1640英尺）
（9.7磅）	全长：1180毫米（46.4英寸）

▲ **恩菲尔德强制者**
1986年10月配发给皇家北爱尔兰警察

"强制者"是为了执法用从L42A1狙击步枪改型的，L42A1狙击步枪则是从李恩菲尔德Mk3型改进而来的。

爱尔兰共和军（IRA） 1968年至今

"爱尔兰共和军"常常与"爱尔兰共和军临时派"联系在一起，但实际上曾有多个组织使用过这个名称。

爱尔兰共和军成立于20世纪早期，在1969年分裂为爱尔兰共和军正统派（OIRA）和爱尔兰共和军临时派（PIRA）之前经历过几次特殊阶段。临时派曾发动过针对皇家北爱尔兰警察、英国陆军和忠于英国的准军事组织的武装斗争，并因此被称为"那一派的爱尔兰共和军"。政治协议终结了武装斗争，然而仍有少数从临时派分离出去的团体继续投身暴力活动，并宣称爱尔兰共和军的头衔归他们所有。

自1969年起至2005年北爱尔兰冲突宣告结束这段时间，爱尔兰共和军临时派发动的几乎都是城市游击行动，其中有恐怖行动。这些行动主要在北爱尔兰策划，在英国发生。炸弹是受偏爱的武器之一，而且经常在复杂改装后被使用。譬如，第二枚炸弹有时会被安放在适合成为指挥部的地点附近。当英国陆军赶来处理第一枚炸弹时，指挥小组容易遭到第二枚炸弹的攻击。

他们也对警察、军队巡逻队及其基地采取直接行动，包括迫击炮袭击和狙击手攻击。尽管可使用一些现代武器，这些袭击使用的却是二战时期的武器。利比亚在20世纪70年代末和20世纪80年代初提供了大量武器，包括RPG-7火箭筒和AK-47突击步枪。

爱尔兰共和军也有很多其他来源的武器，包括北美的勃朗宁手枪、黑克勒&科赫步枪、AR-18阿玛莱特和M16自动步枪。有些是从军队和警察那里偷来的，有些则是从黑市上买来后秘密运进英国的，这通常通过爱尔兰共和国完成。这些武器中有很多属于步兵武器，但也可使用许多先进的武器。安全部队极为重视爱尔兰共和军获得了一挺或数挺美制巴雷特M82反器材步枪的流言。

轻武器也被用来攻击安全部队，当然，它们也被用来控制或威慑当地居民。

▲ 阿玛莱特AR-18
1980年8月配属于在贝尔法斯特作战的爱尔兰共和军临时派贝尔法斯特特族

AR-18其实是AR-15的升级版，它并未被军队列装，但却被爱尔兰共和军大量使用，这让它与爱尔兰共和军紧密联系在了一起。

技术参数	
制造国：美国	枪口初速：990米/秒
年份：1966	（2530英尺/秒）
口径：5.56毫米（0.219英寸）	供弹方式：20发弹匣[1]
使用M109弹药	射程：500米（1640英尺）
动作方式：导气式	以上
重量：3.04千克（6.7磅）	全长：965毫米（38英寸）
枪管长：463毫米（18.25英寸）	

---

① 图中的是30发弹匣。

▶ **勃朗宁大威力手枪**
1970年1月配属于贝尔法斯特的爱尔兰共和军临时派贝尔法斯特旅

勃朗宁大威力手枪曾为英国陆军进行过大批量生产，二战后已经可以从黑市上买到。

技术参数

制造国：比利时/美国	枪管长：118毫米（4.65英寸）
年份：1935	枪口初速：335米/秒（1100
口径：9毫米（0.35英寸）	英尺/秒）
使用派拉贝鲁姆手枪弹	供弹方式：13发弹匣
动作方式：枪管短后坐式	射程：30米（98英尺）
重量：0.99千克（2.19磅）	全长：197毫米（7.75英寸）

▲ **RPG-7D**
1997年6月配属于位于贝尔法斯特的爱尔兰共和军临时派贝尔法斯特旅

由利比亚提供的RPG-7系列火箭筒被用来袭击皇家北爱尔兰警察的装甲车。并非所有袭击都取得了成功。

技术参数

制造国：苏联	全长：950毫米（37.4英寸）
年份：1961	枪口初速：115米/秒（377英
口径：40毫米（1.57英寸）	尺/秒）
动作方式：火箭助推	供弹方式：单发，前端装填
重量：7千克（15磅）	射程：约920米（3018英尺）

国际维和行动 1980年至今

自二战以来，维和部队已经被联合国部署了超过60次，而且还有难以计数的其他非联合国维和行动。

尽管维和部队发现自己随时会陷入殊死搏斗，但维和与战斗，完全是不同的事情。在各个方面，对被牵涉到的人来说，维和都要比公开战斗更有压力。维和行动总是为期很长，维和人员将会持续不断地处理各种挑战和威胁。他们还必须遵循严格的交战规则，这些规则会阻止他们做直觉认为是对的事情。

维和人员经常得面对冲突带来的痛苦。他们有时会发现自己正试图支持交战双方都不想要的和平进程，同时，他们还要为援助人员、非战斗人员及自身的安全负责。尽管这种情况很复杂，但这已是他们遇到的最好情况了。但是，在难以区分敌对分子和无辜人员的环境中，这种工作显然是不可能完成的。

表现出克制

维和部队是不必进行战斗的。他们通过监察各方遵守条约和协议的情况、观察大选的公平性、提供"武力存在"阻止对援助或重建工作的干扰，来表示他们支持持久的和平。然而，即使领导层和反对派的多数人都真诚希望和平，往往还是会有人希望继续作战，并将维和人员视为合法目标。

正确定义的维和，发生在所有党派都想要或自愿结束冲突后。维和人员的部署因此需要各方战斗人员的共识。在那些必须将和平强加于一派或多派参战者的地方开展的行动，可能更适合被叫做"强制和平"。然而，这些行动一般都是维和的构想。

大多数维和行动都是在联合国决议被通过后才被实施的，而且经常在联合国的直接控制下。然而，维和人员是由各国军队提供的，联合国没有自己的武装力量。有人指出，联合国能够而且应该组建武装力量，但到目前为止，这一想法还未被实施。

在联合国的控制下行动，或与其他国家的军队一起行动可能会是一个严峻的挑战。装备可能不能通用，弹药口径各异，甚至各部队说的不是同一种语言。维和部队部被署期间，必须不断训练彼此信任和团队合作的能力，直到他们做好为止，否则，效率将会很低。由于联合国运作方式，效率也是一个问题。做许多决定时，需要共识，而达成共识需要时间。因此，维和行动缓慢复杂，维和人员对当地状况的反应会慢一些。

索马里

有些维和行动非常成功，但这往往是很久以后的事情了。其他维和行动，如索马里的维和行动，对局势产生过影响但并未真正解决问题。1991年索马里内战开始，虽然联合国和非联合国组织都在不断试图进行干涉，但冲突仍持续着。对索马里的干涉结果造就了"摩加迪沙路线"——该术语因索马里首都而得名。摩加迪沙路线指的是，维和行动结束，部队却被牵扯进公开冲突。

联合国维和人员于1992年被部署到索马里，主要支持人道主义救援行动，但后来被牵扯进各派的武装战斗。在摩加迪沙激烈的战斗和其他地方的伤亡导致联合国撤出维和部队。那时，索马里其实不需要维和。冲突及其带来的苦难，对地区稳定造成的损害，都不受阻碍地继续着。

▲ MAB PA-15手枪
2004年12月配属于参加波斯尼亚"木槿花"行动的欧盟维和部队芬兰分遣队

法国研制出的MAB PA-15未被法国武装部队列装，但却被芬兰陆军和一些警察部队接受。

技术参数

制造国：法国	枪管长：114毫米（4.5英寸）
年份：1975	枪口初速：330米/秒
口径：9毫米（0.35英寸）	（1100英尺/秒）
使用派拉贝鲁姆手枪弹	供弹方式：15发弹匣
动作方式：半自由枪机式	射程：40米（131英尺）
重量：1.07千克（2.36磅）	全长：203毫米（8英寸）

其后对索马里的干涉包括美军部队对几个派系的袭击，但这与打击基地恐怖主义有关联，并不算维和。2008年，非洲联盟部队被部署到索马里，支持新联合政府创造和平与稳定。这一举措遇到内战中几个派系的强烈抵抗，他们将维和人员看作侵略者。

很多维和部队来自发展中国家，而不是世界主要大国。尤其是因为联合国会为维和部队提供津贴——这些津贴能帮助这些国家建立军事力量，当然，维和也让这些部队获得了实战经验。

维和需要的装备与作战需要的装备在某种程度上是不同的。维和人员通常只需要单兵轻武器和轻型支援武器，因为他们不太可

<table>
<tr><td colspan="2">技术参数</td></tr>
</table>

技术参数	
制造国：联邦德国	枪口初速：800米/秒
年份：1959	（2625英尺/秒）
口径：7.62毫米（0.3英寸）	供弹方式：20发弹匣
动作方式：半自由枪机式	射程：500米（1640英尺）
重量：4.4千克（9.7磅）	以上
枪管长：450毫米（17.71英寸）	全长：1025毫米（40.35英寸）

▲ **黑克勒&科赫 G3自动步枪**
2000年7月配属于塞拉利昂境内的革命联合阵线反对派

该枪曾被广泛出口，有几种改型。G3/SG1"神枪手"与G3其实是同一种武器，只不过加装了瞄准镜、两脚架和经过改动的枪托。

▲ **黑克勒&科赫G41冲锋枪**
1987年后在反恐行动中装备德国特种部队

G41原本计划用来替换德国陆军现役中的G3冲锋枪，但它太贵了。少数G41流入特种部队，其余的则出现在市场上。

技术参数	
制造国：联邦德国	枪口初速：使用SS109弹药
年份：1987	时为920米/秒（3081英尺/
口径：5.56毫米（0.219英寸）	秒）、使用M193弹药时为
动作方式：滚柱延迟半自由枪	950米/秒（3117英尺/秒）
机式	供弹方式：北约标准化弹匣
重量：4.1千克（9.04磅）	射程：500米（1640英尺）
枪管长：450毫米	以上
（17.71英寸）	全长：997毫米（39.3英寸）

能遭遇大股敌军。这些装备并不贵，而且在很多情况下，已过时的武器就能满足维和需要。相对于最新的军事科技，一支维和部队更需要耐心、训练和勤奋，这些人为因素任何国家都能提供。

大多数时候，维和人员是警察、保安、观察者和顾问。他们的武器与其说是主要资产，还不如说是一种威慑。然而，与当地派系处于敌对状态时，维和人员拥有的武器和如何使用这些武器对生存就至关重要了。

▲ FAMAS F1突击步枪
1984年1月配属于参加乍得"红线行动"的法国第8陆战伞兵团

FAMAS F1于1978年被法国陆军所接受。它有许多缺陷，而且，改良版的G1仍存在这些缺陷。

技术参数	
制造国：法国	全长：757毫米（29.英寸）
年份：1978	枪管长：488毫米 (19.2英寸)
口径：5.56毫米（0.219英寸	枪口初速：960米/秒
动作方式：半自由枪机	（3100英尺/秒）
重量：3.61千克	供弹方式：25发弹匣
（7.96磅）	射程：300米（984英尺）

技术参数	
制造国：奥地利	枪口初速：970米/秒
年份：1980	（3182英尺/秒）
口径：9毫米（0.35英寸）使用	供弹方式：25、32发（9毫
派拉贝鲁姆手枪弹；5.56毫米	米/0.35英寸）或30、42发
（0.219英寸）北约标准弹药	（5.56毫米/0.219英寸）容
动作方式：导气式，	弹量可拆卸式盒式弹匣
枪机回转闭锁	射程：2700米（8858英尺）
重量：3.6千克（7.9磅）	全长：790毫米
枪管长：508毫米（20英寸）	（31.1英寸）

▲ 斯太尔-曼利夏AUG[1]
2010年1月配属于参加波斯尼亚"木槿花"行动的欧盟维和部队奥地利分遣队

斯太尔-曼利夏AUG突击步枪使用扳机来控制射击模式，可以轻扣或重扣扳机来选择半自动或全自动射击。有些型号的AUG突击步枪只能进行单发射击。

[1] AUG为"陆军通用步枪"的缩写。

黑克勒&科赫支援武器 20世纪60年代至今

黑克勒&科赫创造了一个密切相关的支援武器枪族，它们能满足执法、反恐作战或军队的需要。

通用机枪一般用的是具有相当重量的步枪口径子弹，其中典型的是7.62毫米（0.3英寸）子弹。它们通常是由弹链供弹，开膛待击。这意味着当这些枪支的枪机处于后方位置时就开始了发射循环，在发射之前，枪机即向前运动，将一发子弹顶入枪膛，然后击发。开膛待击在某种程度上降低了枪支的精确度，但通用机枪并不是要求精确度的武器。它们的目标是将大量子弹投送到大范围去。开膛待击有利于散热，这在持续射击时是一项优点。

通用机枪很重，而且弹链也很重。使用弹匣或弹鼓供弹，发射中等威力突击步枪弹药的那些更轻型化的自动武器则更方便移动，也因此能轻易被整合进步兵班。使用由突击步枪衍生出来的轻型支援武器还具有其他优点：弹药可以通用，部队经过少量训练就可使用和保养这种与制式步枪相似的武器。

20世纪60年代早期，黑克勒&科赫开始制造一种从G3步枪演化来的轻型支援武器。该枪被赋予了HK21的代号，在某种程度上介于轻型支援武器和通用机枪之间。该枪采取弹链供弹，发射7.62×51毫米子弹。但该枪是从其下部装弹，不像典型的机枪是从侧面装弹。HK21采用闭膛待击——枪支待发状态时，子弹上膛，此时，枪机位于较为靠前的闭锁位置，准备击发。这能提高精确度，但却由于不容易散热降低了持续射击的能力。

HK21不同寻常的供弹系统使它可以加装一只弹匣适配器，将其由弹链供弹改为弹匣供弹。因此，它可以使用步枪弹匣，使自己成为一种重型步枪。大容量弹鼓也被制造出来供其使用，这赋予了步兵班有效的火力支援能力，并且使用该武器不会影响士兵们的机动性。

▶ **英勇的黑克勒&科赫**

美国海军海豹突击队在行动中装备了高效率的黑克勒&科赫MP5冲锋枪。美国联邦调查局人质营救小组、英国特别空勤团和世界其他数十个国家都曾使用过这种武器。

从这种武器衍生出一系列的改型。为便于表述它们，有一套数字编号系统，数字会逐渐增大。编号中的首位数字代表这种武器的类别、预期用途，这大部分由其供弹机制决定。HK21中的"2"代表弹链供弹、预期用途为通用机枪。如果这个数字是"1"，则代表弹匣供弹、轻机枪。第二位数字则表明其口径，"1"代表7.62×51毫米北约制式弹药，"3"代表5.56×45毫米北约制式弹药。

也曾少量制造过7.62×39毫米苏式口径的枪支样品，这些样品采用了"2"的编号。因此，HK22机枪是使用弹链供弹的通用机枪，口径为7.62毫米苏式口径。然而，这种口径的机枪生产数量并不多。

由于将弹链供弹转为弹匣供弹仅通过一个适配器就能完成，加上该枪族的大多枪

▲ **HK11轻机枪**
1980年装备希腊陆军

7.62毫米（0.3英寸）口径的HK11基本上是一支配有两脚架的突击步枪。任何接受过G3突击步枪使用训练的人，都能立刻熟悉该枪。

技术参数

制造国：联邦德国	枪口初速：800米/秒
年份：1970	（2625英尺/秒）
口径：7.62毫米（0.3英寸）	供弹方式：20发弹匣或80发
动作方式：半自由枪机式，	弹鼓
可选射击模式	射程：1000米（3280英尺）
重量：8.15千克（17.97磅）	全长：1030毫米
枪管长：450毫米（17.72英寸）	（40.55英寸）

▲ **HK13轻机枪**
用户未知

HK13可用于精确射击，可选半自动、3发点射两种模式，这对执法部门或反恐部队很有吸引力。

技术参数

制造国：联邦德国	枪管长：450毫米
年份：1972	（17.72英寸）
口径：5.56毫米（0.219英寸）	枪口初速：925米/秒
动作方式：滚轮延迟半自由枪	（3035英尺/秒）
机式，气冷式	供弹方式：20、30发弹匣或
重量：8千克（17.64磅）	弹鼓供弹
全长：1030毫米	射程：1000米（3280英尺）
（40.55英寸）	以上

支都能通过更换枪管改换口径，故这种命名方式使人困惑。所有最近的型号都装有可快速更换的枪管以便于持续射击。因此，理论上，这一枪族的枪械可以瞬间变化编号。

实际上，它们是同一种武器，核心是"滚柱延迟半自由枪机"的工作原理。编号只是为了确定这种武器的名称。有些枪支也得到了"E"编号，这代表它是出口型号，其机匣较长。这些武器的高精度、轻便性及后期型号具有的3发点射能力，使它们广受执法部门、特别行动小组及很多国家的常备武装力量欢迎。可选的直下型前握柄便于突击开火，如配合大容量弹鼓，单兵可拥有强大的火力。

▲ **HK21轻机枪**
2000年装备皇家马来西亚警察（RMP）反恐警察支队

HK21是HK枪族中的轻机枪，它可在金属容纳盒里携带弹链，而这个金属容纳盒是固定在供弹系统上的。它也可使用从弹药箱中取出后呈伸展状态的弹链。

技术参数	
制造国：联邦德国	枪管长：450毫米
年份：1970	（17.72英寸）
口径：7.62毫米（0.3英寸）	枪口初速：800米/秒
动作方式：半自由枪机式	（2625英尺/秒）
重量：7.92千克（17.46磅）	供弹方式：弹链供弹
全长：1021毫米（40.2英寸）	射程：2000米（6560英尺）

▲ **HK23机枪**
2005年配备土耳其宪兵

使用7.62毫米（0.3英寸）弹药的HK23机枪处于机枪谱系中最轻型的一端，这既是从重量方面，也是从持续火力能力方面来说的。在便携性和火力之间做取舍总归是一件难事。

技术参数	
制造国：联邦德国	枪口初速：925米/秒（3035
年份：1981	英尺/秒）
口径：5.56毫米（0.219英寸）	供弹方式：20或30发弹匣、
动作方式：半自由枪机式	100发弹鼓、50或100发弹链
重量：8.7千克（19.18磅）	射程：1000米（3280英尺）
安放在两脚架上	以上
枪管长：450毫米（17.72英寸）	全长：1030毫米（40.5英寸）

维和部队的专业武器 1990年至今

高精度步枪使维和部队和安全部队有能力应对狙击手和其他威胁，而不至于使非战斗人员遭到危险。

维和部队的出现往往迫使叛乱分子采取不同作战方法。与直接袭击相比，叛乱分子可能更喜欢发动远距离狙击或扰乱射击。埋设简易爆炸物也是一种常见战术。这两种方法都避免了与维和人员正面接触，与维和部队正面接触可能引起他们无法应对的强力反击。

炸弹和狙击手射出的子弹是可以被否认的，因为很难证明是谁埋的炸弹或谁射出的子弹。这很适合一些团伙，他们希望继续战斗，同时也希望继续从那些派出维和部队的国家提供的海外援助中获益。如果叛乱团伙破坏停火协议或袭击维和部队及其保护的民众，可能导致援助撤走或被排除旨在结束冲突的和平谈判。

因此，战斗团伙在接触海外观察者或维和部队时表现得较友好，至少避免明显的敌对行动，因此，他们有机会就会远距离发动袭击。维和人员通常受到接战规则的限制，只允许回击正采取敌对行动的人员。

狙击步枪是少数几种又精确且又能对付这些威胁的武器之一。大多数狙击武器使用的都是相对较重的弹药，如7.62×51毫米或0.308英寸温彻斯特步枪弹。就定义来看，任何能射击到的敌人都处于狙击手还击火力射程内。他的枪口焰也许会暴露其位置，用热成像仪也可发现他。发现他之后，一名比他更优秀的射手将会消灭他。只开一枪对那些非战斗人员造成的惊吓最小，虽然有些敌对分子会从人群密集的地方开火，寄希望于安全部队会投鼠忌器不开火还击。

狙击武器也使安全部队能消灭远距离

▲ **PGM Hecate II型重型狙击步枪**
2001年装备赴阿富汗法国特种作战司令部（COS）

除狙击外，该枪还被爆炸物处置小组用来处理未爆炸弹和炮弹，这时，它使用的是高爆弹药。

技术参数

制造国：法国	枪口初速：825米/秒
年份：1993	（2707英尺/秒）
口径：12.7毫米（0.50英寸）	供弹方式：7发弹匣
使用BMG弹药	射程：2000米（6560英尺）
动作方式：旋转后拉枪机	以上
重量：13.8千克（30.42磅）	全长：1380毫米
枪枪管长：700毫米（27.6英寸）	（54.3英寸）

的炸弹安放者或几条街外屋顶的敌人。向正在开火的枪手或正安爆炸物的敌人开了枪，不会破坏严格的接战规则。他全副武装但不活跃的同伙，在某些交战规则下不是合法目标，这时使用不精确的武器或自动射击就会出问题，但狙击手却能自信地开枪。

现如今可供选用的特重型步枪，如12.7毫米（0.5英寸）和重型的14.5毫米（0.57英寸）步枪，拥有极远的有效射程，有时被用来解决极远距离的高难度目标。一旦这个目标意识到自己正处于火力威胁下，就会移动或寻找掩蔽物，就不大可能有第二次狙击机会。然而，这些武器并不全是为了对付人。

特重型步枪也被称为反器材步枪，是从20世纪早期和中期的反坦克步枪演变来的。它们能使用高爆弹或穿甲弹，主要用来攻击

▲ **HK MSG90狙击枪**
2000年配属于在弗吉尼亚匡蒂科执行任务的美国联邦调查局人质营救小组

MSG90狙击枪是被作为PSG-1狙击步枪的廉价替代品被制造的，受很多警察部队的喜爱。尽管MSG90比PSG-1更轻，但它很坚固且极精准。

技术参数

制造国：德国	枪管长：600毫米
年份：1997[1]	（23.6英寸）
口径：7.62毫米（0.3英寸）	枪口初速：815米/秒
使用北约制式弹药	（2675英尺/秒）
动作方式：滚柱延迟半自由枪	供弹方式：5或20发弹匣
机式	射程：600米（1968英尺）
重量：6.4千克（14.1磅）	全长：1165毫米（45.8英寸）

技术参数

制造国：联邦德国	枪管长：650毫米
年份：1982	（25.59英寸）
口径：7.62毫米（0.3英寸）	枪口初速：约800米/秒
/0.300英寸温彻斯特马格南弹	（2624英尺/秒）
动作方式：导气式	供弹方式：6发弹匣
重量：8.31千克（18.32磅）	射程：1000米（3280英尺）
全长：905毫米（35.63英寸）	以上

▲ **瓦尔特 WA2000狙击枪**
1986年装备德国联邦警察

WA2000狙击枪是最精良的狙击枪之一，而且也是有史以来最贵的狙击武器之一。它更适合执法和安保，而不是一般的军用。

① 大概是1990年。

装备。一发占尽天时地利的0.5英寸步枪弹能通过打碎发动机附近区域瘫痪一辆车，使车上的人被捕，或阻止他们驾驶汽车炸弹冲向目标。

通信设备也是容易被狙击的目标。扰乱通信设备，远比消灭一个敌人更容易削弱敌军部队的作战能力。远距离狙击也被用来消灭知名的革命分子或恐怖分子领袖，这也有削弱敌方行动的作用。重型步枪还被用来处理太危险而不能靠近的爆炸物。一发大口径子弹能破坏爆炸物，或让爆炸物在安全距离上提前爆炸。为了利用重型步枪的长远射程，加装了辅助观瞄设备。瞄准镜也是一种精密的光学工具，经过加固，它不仅能经受住严酷的战场考验，也能经起附着的枪械后坐力，还不会脱离瞄准基线位置。微光和热成像瞄准具使重型步枪即便在黑暗中也能观察和射击，使狙击手可昼夜保卫一个地区。

▲ Gepard M6狙击枪
2000年装备印度陆军特种部队

M6发射一种威力极大的14.5毫米（0.57英寸）弹药，这种弹药在大约1000米（3280英尺）距离外的精度值得怀疑。作为一种反器材武器，它很有效，但对超远距离的狙击就不是很有用了。

技术参数			
制造国：匈牙利		枪管长：730毫米（28.7英寸）	
年份：1995		枪口初速：780米/秒	
口径：14.5毫米（0.57英寸）		（2559英尺/秒）	
动作方式：半自动式		供弹方式：5发弹匣	
重量：11.4千克（25.1磅）		射程：600—1000米	
全长：1125毫米（44.29英寸）		（1968—3280英尺）	

技术参数	
制造国：奥地利	全长：1370毫米（54英寸）
年份：2004	枪管长：833毫米（33英寸）
口径：12.7毫米（0.5英寸）	枪口初速：未知
动作方式：旋转后拉枪机	供弹方式：单发
重量：12.4千克（28.5磅）	射程：1500米（4921英尺）

▲ 斯太尔HS 0.5英寸口径狙击枪
2007年装备伊朗军队

HS0.5英寸口径狙击枪是一种栓动单发射击武器，有0.5英寸和0.46英寸口径可供选用。HS0.5英寸口径M1型是该狙击枪的升级版，采用5发容量弹匣供弹。

特战手枪 1970年至今

手枪一般是备用武器，但有些情况下它们能赋予特种部队人员额外的能力。

传统上，常规军步兵人员除了携带他们的单兵武器外就不再携带额外的佩枪。手枪可能会被配发给安保执勤人员，但大部分情况下，手枪配发给那些不需要或不能携带步枪、主要职责不是与敌军直接战斗的人员。手枪习惯上与军官、后方梯队人员、车组乘员、专家和医务兵联系在一起。

在一些地区，一直存在为步兵提供备用武器的趋势，但这种行为并不普遍。即便不考虑成本，部队已携带足够多的东西了，而且大部分部队也从来不需要手枪。步枪或其他长兵器卡壳或故障的情况很罕见，出现这种情况时，士兵可隐蔽起来清理自己的武器，或从伤亡人员那里获得替代品。

对特别行动人员而言，情况稍微有些不同。有时候手枪可能会是他们能携带的唯一武器，比如需要隐藏武器时就是如此。其他时候，手枪是备用武器或可被迅速运用的近距离武器。

近距离战斗

手枪在近距离战斗或封闭空间时使用方便，但它也有缺点。手枪缺乏停止作用力，也许需要好几枪才能制服正在冲锋的敌对分子，另外，它们携带的子弹也不多。即便使用者是个经验丰富的神枪手，超过一段距离后，手枪就不能确保精度了。然而，对被卷入激烈战斗中的小队来说，在子弹耗尽或长兵器

技术参数

制造国：美国	枪管长：101毫米 (3.9英寸)
年份：1967[2]	枪口初速：274米/秒
口径：9毫米（0.35英寸）	（900英尺/秒）
使用派拉贝鲁姆手枪弹	供弹方式：8发弹匣
动作方式：枪管短后坐式，	射程：30米（98英尺）
枪管偏移式闭锁	全长：323毫米
重量：0.96千克（2.1磅）	（12.75英寸）

▲ **史密斯&威森M39"安静的小狗"手枪[1]**
1980年装备美国海军海豹突击队

该枪由普遍配发的M39手枪发展而来，主要用来消灭放哨的看门狗。为减小射击时发出的噪音，它加装了消音器。

---

① 越战期间，海豹突击队对其改型的昵称。
② 该手枪是在1949年研发，1955年开始销售的，这里的1967年可能指的是在越战中使用年份。

故障时有另外的武器可能至关重要。

一个能拔出手枪的士兵就仍能战斗，即便其能力有限。如果士兵手上唯一的武器掉了或坏了，小组的火力将遭到严重削弱。因此，手枪习惯上被特别行动人员当作备用武器。大多数手枪的质量都不错。有些手枪还是专业武器。

配备了固定或可拆式消声器的手枪，是消灭哨兵或警犬而不会引起其他敌人警觉的有用工具，几十年来，它也成了特别行动人员日常的必备武器。消声器并不能完全消除武器的声音，但它能使枪击的声音不被注意到或不从背景噪音里被辨认出来。

为了满足特别行动的需要，一系列高端手枪被制造出来。有时，这些武器在设计阶段就因富有经验的使用者的介入而提前面市。对不仅仅以创造特种部队武器为目的的研发项目来说，这些使用者的经验是有价值的。其他项目则制造出了不可民用的武器，即便是一般军事人员也不可能对它们的功能

▶ HK P11手枪
2002年装备参加"持久自由"行动的德国海军"战斗蛙人"部队

该手枪是由一种水下武器研发而来的，P11使用预装5发子弹的枪管兼弹仓。比这种手枪小一点的俄国同类武器有4支枪管，但大体上是相似的。

技术参数
制造国：联邦德国	枪口初速：无数据
年份：1976	供弹方式：5发容弹量的枪管
口径：7.62毫米（0.3英寸）	兼弹仓
动作方式：电击发	射程：空气中30米(98尺)、
重量：装弹后1.2千克（2.7磅）	水下10-15米(3349英尺)
枪管长：无数据	全长：200毫米（7.87英寸）

▲ HK VP70手枪
1990年装备葡萄牙国民共和国卫队

VP70手枪是世界上第一款聚合物框架手枪，它能以每分钟2200发的射速打出三发点射，也能在加装枪托后变成类似卡宾枪的武器。

技术参数
制造国：联邦德国	全长：204毫米（8英寸）
年份：1970	枪管长：116毫米(4.6英寸)
口径：9毫米（0.35英寸）	枪口初速：350米/秒（1148
使用派拉贝鲁姆手枪弹	英尺/秒）
动作方式：自由枪机式	供弹方式：18发弹夹
重量：0.82千克（1.8磅）	射程：40米（131尺）

提出要求。

纯粹的特种部队武器的例子是专用水下手枪。美国和俄国都为特种部队潜水员生产了成功的水下武器。这些武器并非常规手枪，它们射出的是金属镖而非标准子弹。其射击采用电启动而不是使用机械点燃底火。

某些武器使用"胡椒瓶"构造——当枪中空无一物时，把一堆预装好了的枪管换上去，而不是在战场上重新进行装填。这种武器用途有限。它们能在空气中工作，但精确射程很短，而且相比于普通枪支，它们是无用的。因此，它们仅被配发给专业人员。

特种部队倾向于使用他们能获得的最好武器——往往与个人爱好有关。他们常被允许选择自己的武器，或是从一份得到批准的清单中挑选，或随心所欲。阻碍某种特定武器被大批量配发给战斗部队的费用因素，不会阻碍特战人员。

在某种程度上，每个人对武器的大小、弹匣容量、精度、口径及其他性能的偏好都各有差异，某种武器广受欢迎，或是由于它的基本特征，或仅仅是因为它们非常棒。也许，对特别行动采用的武器而言，最重要的是可靠性——小组成员这么少，武器在被需要时必须要发挥作用。制作精良但不可靠的武器绝不可选。

▶ HK SOCOM Mk23手枪
2000年装备马来西亚皇家警察（RMP）

SOCOM Mk23手枪是为了满足特种部队的需求而研发的，它坚固耐用且可靠。它使用的亚音速0.45英寸口径子弹有良好的停止作用力，也可在加装消声器后使用。

技术参数	
制造国：德国/美国	枪管长：150毫米（5.9英寸）
年份：1996	枪口初速：260米/秒
口径：11.43毫米（0.45英寸）	（850英尺/秒）
动作方式：枪管短后坐式	供弹方式：12发弹匣
重量：1.1千克（2.42磅）	射程：25米（82.02英尺）
全长：245毫米（9.64英寸）	

◀ FN 5.7毫米口径手枪
2005年装备法国国家宪兵特勤队（GIGN）

它与P90卡宾枪通用特别研制的5.7毫米（0.22英寸）弹药。5.7毫米口径手枪的弹道表现与9毫米（0.35英寸）口径的相似，但由于其高初速子弹的平直轨迹，5.7毫米手枪的精度更高。

技术参数	
制造国：比利时	枪管长：122毫米（4.8英寸）
年份：1998	枪口初速：625米/秒
口径：5.7毫米（0.22英寸）	（2050英尺/秒）
动作方式：半自由枪机	供弹方式：20发弹匣
重量：0.744千克	射程：50米（164英尺）
（1.64磅）	全长：208毫米（8.18英寸）

执法用霰弹枪 1980年至今

霰弹枪在军事战斗中的作用比较有限，但在安保和执法行动中却很有用。

霰弹枪是能打出一组铅弹而非单发子弹的滑膛式武器。它使用的霰弹尺寸可明显变化，重型大粒铅弹有良好的打击力，轻型鸟枪弹则提高了打中目标的机会。作战时，一般使用重型铅弹，轻型铅弹可作为必要时的替代，也许，在"造成浅表伤和痛苦"要优于"致残或杀死敌方"的场合中，会使用轻型铅弹。

铅弹并不符合空气动力学，而且由于来自空气的摩擦会很快失去速度。更重一点的铅弹在更远的距离上仍具有危险性，但即便如此，霰弹枪的致死射程也极其有限。这是战斗人员一般不携带霰弹枪的原因之一。

铅弹的散布是由枪支上的收束器来控制的。收束器要么是固定的，要么是可调节的

枪膛收束装置。作战时，相对紧缩的收束器更让人满意，确保了密集的铅弹散布模式。大范围的铅弹散布模式降低了使目标停止的可能性（如阻止他做他想做的事），使目标停止往往比致命性更重要。大范围散布的铅弹也能对旁观者造成危险。

霰弹的穿透力不好，这使它在射穿轻型掩蔽物方面不是很有效的武器。但另一方面，它也降低了对墙壁后的无辜者造成的伤害。这种缺乏穿透力实际上对停止作用力大有贡献——1发高速飞行的子弹可能会贯穿某部分无关性命的非重要人体组织，而其大部分动能还是被贯穿人体之后又飞走了的子弹带走了。轻型防弹衣可能会阻止子弹射进人体，但子弹依旧会造成伤害。

▲ 防暴队

2002年11月，装备了防暴盾和霰弹枪的委内瑞拉警察在加拉加斯与示威者发生了冲突。

由于以上原因及其他原因，霰弹枪是广受执法部门和安保人员欢迎的长柄武器。它们既有效，又不会造成太多财产损失，也没有过度穿透后击中第二个目标的风险。同样重要的是，它们有手枪没有的震慑作用，那些试图在装备了半自动手枪的警官面前赌一赌运气的罪犯，往往面对霰弹枪时会不经打斗就放弃抵抗。

在军事行动中，霰弹枪有时被用作反伏击武器。霰弹枪使侦察员或先导者能快速向一大片区域开火，很有希望迫使伏击者寻求掩蔽。这种情况下，霰弹枪缺乏精度的特点则成了优势，让尽可能多的铅弹飞向可疑的埋伏地点，而不是打中单个目标。

霰弹枪也能用来捣毁上了锁的门或发射特种弹。有些特种弹有迷惑性或边缘化的用途，比如将轻重枪弹混装发射。其他一些弹药，如实心球形弹或由一个特别重的弹头组成的"重击"弹则非常有用。重击弹射程有限，但它拥有巨大的停止作用力将穿透城市中大部分掩蔽物。

其他特种弹药包括，能在穿透门板后才

▲ **艾奇逊突击霰弹枪**
用户未知

它是首款被制造出来的全自动霰弹枪。它很大程度上是由其他武器的部件构造出来的。扳机组件来自于勃朗宁M1918，其前护木和枪托来自于M16步枪。

▲ **弗兰基SPAS-12霰弹枪①**
1990年配属于在东帝汶作战的印尼海军蛙人组

SPAS-12霰弹枪既可以被设置成泵动式，也可变为半自动式。这使该枪可以使用特种弹，也能换用标准弹壳的霰弹。印尼安全部队在与东帝汶叛乱分子的交战中使用过该霰弹枪。

向房间释放催泪瓦斯的气体投送弹和能将铅弹储存在一个软包的"沙包"弹。"沙包"弹的设计目的是打晕或击倒目标，但又不像穿透弹那么致命。它可在不需要致命武力的情况下执行逮捕行动。

到目前为止，霰弹枪在执法行动中最普遍的用途是使用制式子弹进行战斗，或者通过视觉威胁来震慑潜在的敌对分子。警察部门和

安保人员使用的大多是简单、结实的泵动式霰弹枪。它们的枪机极其坚固，还能通过手拉枪栓退出发射失败的臭弹，并装填其他子弹。有些泵动式霰弹枪还增加了单发上弹机构，这使特种弹可被直接装入枪膛发射，如有需要，随后再打出普通子弹。

无托霰弹枪的主要缺点是装填和射击速度较慢。必须手动向内置式弹匣装弹，且一

<table>
<tr><td colspan="2">技术参数</td></tr>
<tr><td>制造国：意大利</td><td>枪管长：450毫米</td></tr>
<tr><td>年份：1985</td><td>（17.71英寸）</td></tr>
<tr><td>尺寸/口径：12号</td><td>枪口初速：可变，基于弹药种类</td></tr>
<tr><td>动作方式：泵动/导气式</td><td>供弹方式：10发弹匣[3]</td></tr>
<tr><td>重量：3.9千克（8.5磅）或4.1</td><td>射程：100米（328英尺）</td></tr>
<tr><td>千克（9磅）</td><td>全长：980毫米(38.58英寸)</td></tr>
</table>

▲ **弗兰基SPAS-15霰弹枪**
2008年装备塞尔维亚陆军特战旅

弹匣装填使SPAS-15霰弹枪上弹的速度比大多数战斗用霰弹枪都要快。为了方便使用低压微致命弹药，它可被调至泵动模式。

▲ **贝内利M4 Super 90霰弹枪**
2005年装备在马六甲海峡执勤的马来西亚皇家海关（RMC）人员

半自动M4受到美国海军陆战队安保小组的偏爱，也被全世界难以计数的特警所喜爱，如美国特种武器战略部队和反恐小组。

<table>
<tr><td colspan="2">技术参数</td></tr>
<tr><td>制造国：意大利</td><td>枪口初速：可变</td></tr>
<tr><td>年份：1998</td><td>供弹方式：6发容弹量下挂整</td></tr>
<tr><td>尺寸/口径：12号</td><td>体式管状弹仓</td></tr>
<tr><td>动作方式：导气式，半自动式</td><td>射程：100米（328英尺）</td></tr>
<tr><td>重量：3.8千克（8.37磅）</td><td>全长：1010毫米(39.76英寸)</td></tr>
</table>

① 图中的是它的缩短型。
② 标准型是8发，如果是上图的话，就是5发或6发。
③ 3、6、8发弹匣都存在，但主要是6发弹匣。

次只能装一发子弹，由于在两次击发中间必须手动拉枪栓，这不仅使射击速度变慢，还使武器偏离了目标。因此，许多执法部门营救人质和对付高威胁的作战单位时使用半自动霰弹枪。一支半自动霰弹枪装填也许依旧很慢，但一旦准备就绪，就能快速射出几发子弹，通常，这能使任何对手瘫痪。

在希望得到更多火力的地方，有很多全自动霰弹枪设计方案。这些霰弹枪绝大部分是军用武器，它们是为了基地安全或城市战斗而研发的。它们通常使用弹鼓或弹匣供弹，体积较大且笨重，虽然巨大的后坐力让有些枪手难以持握，但它们可近距离提供强火力。

正如各种步枪和冲锋枪，战斗用霰弹枪通常也能装配各种配件并作各种改动以增加其应用性能。高级瞄准镜、激光瞄准器、战术闪光灯都很常见。有些霰弹枪还提供固定和可折叠枪托，有些情况下，折叠式枪托可被归为臂挂钩，方便单手射击。然而，除那些最最强壮的人外，并不建议其他人单手射击任何一种霰弹枪。

技术参数	
制造国：韩国	枪口初速：400米/秒
年份：1992	（1300英尺/秒）
尺寸/口径：12号	供弹方式：10发弹匣或20发
动作方式：导气式	弹鼓
重量：5.5千克（12.12磅）	射程：200米（656英尺）
枪管长：460毫米(18.11英寸)	全长：960毫米 (37.79英寸)

▲ USAS-12霰弹枪
2000年列装韩国国家警察厅（KNPA）

它深受艾奇逊突击霰弹枪的影响，而且在东亚各个国家的军队和安全部队中有很好的外销成绩。

▲ AA-12霰弹枪
用户未知

AA-12突击步枪能够发射常规霰弹或各种特种弹药，包括高爆弹和在空中爆炸的杀伤弹，杀伤弹以弹丸产生的破片来毁坏目标。

技术参数	
制造国：美国	枪口初速：350米/秒
年份：2005	（1100英尺/秒）
尺寸/口径：12号	供弹方式：8发弹匣或20、32
动作方式：导气式，可选射击	发弹鼓
模式	射程：使用12号杀伤弹时射
重量：5.7千克（12.61磅）	程200米（656英尺）
枪管长：330毫米（13英寸）	全长：966毫米（38英寸）

执法与反恐 1980年至今

有一系列轻型自动武器，可供那些需要强火力但又不能携带全尺寸步枪的人使用。

军队中有很多人可能会处于危险中，但他们的主要职责不是与敌军直接战斗。然而，车组乘员、炮兵、后勤运输人员以及电台操作员、战斗先锋和军官仍需有效的武器。

有些人被设备困住或在车里时，不能合理使用步枪。其他人则不能在携带专业设备的同时再携带步枪和子弹。一种解决办法是给他们配发手枪，但手枪的作用太小。他们更想要一种更有威力的武器。

冲锋枪和卡宾枪有时不仅被发给上述这些人，也被配发给那些要在军事基地或海军舰艇这类封闭空间执行任务的安全部队。这些部队往往会有近距离交战，这使火力密度比精确射程更重要。手枪弹比同等数目的步枪子弹轻，减轻了士兵的负担。

在执法和安保时，冲锋枪或卡宾枪是绝佳的武器。绝大多数执法人员都倾向于在冲锋枪能发挥作用的近距离交战，即便在营救人质或反恐时也是如此。

保镖

保镖们发现，轻便、火力强大的武器很有用。如果是远距离威胁，快速从危险区隐藏或转出重要人物可能是最有效的对策。只有是近距离威胁时，才能优先射击攻击者。这种情况下，运用压倒性的火力进行还击至关重要。

▲ **柯尔特9毫米冲锋枪**
1995年装备美国缉毒局（DEA）

柯尔特公司的9毫米冲锋枪/卡宾枪与它们口径相比太大了，但其重量将可体感后坐力降至几乎没有。

技术参数	
制造国：美国	枪管长：267毫米
年份：20世纪80年代末	（10.5英寸）
口径：9毫米（0.35英寸）使用	枪口初速：396米/秒
派拉贝鲁姆手枪弹	（1300英尺/秒）
动作方式：自由枪机式，	供弹方式：32发弹匣
闭膛待击	射程：300米（984英尺）
重量：2.6千克（5.75磅）	全长：730毫米（28.9英寸）

▲ HK MP5冲锋枪[1]
1995年装备德国联邦警察

HK MP5在市场上取得了巨大的成功，有多种改型。这种武器精度高且小巧，在世界各国的特种部队和执法机构中都很流行。

技术参数	
制造国：联邦德国	
年份：1966	
口径：9毫米（0.35英寸）	
动作方式：半自由枪机式	
重量：3.08千克（6.8磅）	
全长：700毫米（27.6英寸）	
枪管长：225毫米（8.9英寸）	
枪口初速：285米/秒（935英尺/秒）	
供弹方式：15或30发弹匣	
射程：200米（656英尺）	

▲ FN P90冲锋枪
1991年装备参加海湾战争的比利时陆军特种作战大队

FN P90个人防御武器使用与5.7毫米口径手枪相同的弹药。该枪的上弹系统较为怪异，子弹放置在透明塑料弹匣中，子弹与枪身呈直角。退壳需通过空心握柄。

技术参数	
制造国：比利时	枪管长：263毫米（7.75英寸）
年份：1990	枪口初速：850米/秒
口径：5.7毫米（0.22英寸）使用FN公司子弹	（2800英尺/秒）
动作方式：自由枪机式	供弹方式：50发弹匣
重量：2.8千克（6.17磅）	射程：200米（656英尺）以上
	全长：400毫米（15.75英寸）

　　因此，多年来，冲锋枪在手枪和步枪之间扮演了一种过渡角色。冲锋枪一般（并非总是）使用手枪口径弹药，但由于它们枪管比手枪长，有效射程和精度都更好。多年来，出现过大如步枪，小如大号手枪的各种冲锋枪。

单兵防御武器

　　近年来，"单兵防御武器"或PDW这个词逐渐浮出水面。在某种程度上，它指的是一种角色，而不是某种特定武器。大多数冲锋枪可被认为是防御武器，它们是轻型的手枪口径自动武器。然而，实现单兵防御武器可采用不同方法。有些武器特别小巧，试图将冲锋枪的火力塞到不比手枪大多少的武器里。其他武器算长兵器，但通常会提供与自身尺寸不符的强火力。这一点特别能定义单兵防御武器。它是一种自卫武器，不是可

[1] 这是MP5A3。

全面打击的武器，它以小体积提供大的打击力。有些防御武器使用特别研制的先进弹药，有些则使用业已存在的弹药。

柯尔特9毫米（0.35英寸）冲锋枪实现了单兵防御武器这一概念。它是M4卡宾枪改造为9毫米口径的版本，体积比冲锋枪大，更像9毫米卡宾枪。然而，它比步枪更小也更轻。任何熟悉M16或M4步枪的人只需少量训练便可使用。这种武器在战场上的能力很有限，但很适合安保和紧急自卫。一些将面对装备了自动武器的敌对分子的执法机构探员很喜欢这种武器。

FN P90卡宾枪这类武器与柯尔特的尺寸差不多，但它们对单兵防御武器的实现路径则不相同。FN P90使用与5.7毫米口径手枪相同的那种5.7毫米（0.22英寸）子弹，其设计目标是将尽可能强的火力整合到一种小型武器上去。其子弹的设计目标是，要比现存的9毫米子弹对防弹衣造成更强的效果，而且这种子弹还要能被装在一只50发容量的弹匣中。尽管是单兵防御专用武器，FN P90的大多用户还是将其作为一种进攻武器，一种主要武器，而不是给非战斗人员的紧急武器。

武器类的另一端是一些如俄制PP2000冲锋枪的武器。这是一种非常小的武器，比普通的手枪大不了多少。它使用标准的9毫米子弹，但也能使用穿甲弹。其目标用户是那些可能需要比手枪更强的火力但又不能携带

▲ **柯尔特冲锋枪**

发射9毫米派拉贝鲁姆手枪弹的柯尔特冲锋枪，在造型和外观上与M16突击步枪很相像。它在特种部队和执法机构中广受欢迎。

突击步枪或全尺寸冲锋枪的人。

处在这两极端之间的是普通的单兵防御武器。有些枪是业已存在的冲锋枪的各种版本，通常被制造得尽可能的小，其他枪则是为单兵自卫而特别定制的。尽管这些武器有用，但它们依然有传统冲锋枪的那些缺点。由于有小型、轻量步枪可供选用，轻型自动武器的细分市场遭到挤压。而且很多单兵防御武器没有突击步枪卡宾枪版本的优势。

虽然手枪和突击步枪之间的差距已经缩小，但差距依然存在。大型冲锋枪和卡宾

▲ **HK MP7**
2003年装备奥地利眼镜蛇特警部队

正如那些围绕目标而设计的单兵防御武器一样，MP7冲锋枪是围绕订制弹药而制造的，它加强了标准口径冲锋枪的穿透力。

技术参数	
制造国：德国	枪管长：180毫米（7.1英寸）
年份：2001	枪口初速：约725米/秒
口径：4.6毫米（0.18英寸）	（2379英尺/秒）
动作方式：活塞短行程导气式； 枪机回转闭锁	供弹方式：20、30或40发 弹匣
重量：无弹匣净重1.9千克 （4.19磅）	射程：200米（656英尺）
	全长：638毫米（25.1英寸）

技术参数	
制造国：德国	全长：690毫米（27.2英寸）
年份：1999	枪管长：200毫米（7.9英寸）
口径：11.4毫米（0.45英寸） /0.45英寸柯尔特自动手枪口 径，10.16毫米口径，（0.40英 寸）0.40史密斯威森口径，9毫 米（0.35英寸）卢格手枪口径	枪口初速：未知
	供弹方式：25或30发弹匣
	射程：100米（328英尺）
	重量：2.3千克（5磅）
动作方式：自由枪机式，闭膛 待击	

▲ **HK UMP（通用冲锋枪）**
2005年装备美国海关和边境保护局

该通用冲锋枪主要瞄准执法部门市场，有多种大威力口径版本可用。其中包括0.45英寸柯尔特自动手枪口径版、0.40英寸口径版和9毫米口径版。

枪版单兵自卫武器可能面临与M4卡宾枪竞争，但较小型的枪支似乎更有前途。一把能放在臀部枪套或肩部枪袋里且又能提供自动火力甚至能穿透贴身装甲的武器，能提供其他武器不能提供的能力。

所以，当大型单兵防御武器挤进突击步枪/冲锋枪市场后，或许会畅销，或许不会畅销，小型武器则很可能继续受到执法人员和特工人员、保镖、其他非步兵军事人员的青睐。

▶ **斯太尔TMP冲锋枪**
2003年装备意大利"特别干预小组"[1]

斯太尔战术冲锋枪是一种主要用于防御的武器。前置握柄有助于在输出自动火力时减小枪口的上扬。奥地利警察和反恐部队都列装了该冲锋枪。

技术参数

制造国：奥地利	枪管长：130毫米（5.1英寸）
年份：2000	枪口初速：380米/秒
口径：9毫米（0.35英寸）使用	（1247英尺/秒）
派拉贝鲁姆手枪弹	供弹方式：15、20或30发
动作方式：枪管短后坐	弹匣[2]
重量：1.3千克（2.9磅）	射程：100米（328英尺）
全长：282毫米（11.1英寸）	

▲ **CZW 438 M9冲锋枪**
用户未知

该冲锋枪起初适用的是4.38×30毫米弹药。其M9改型使用更为常见的9×19毫米弹药，但几乎与原型通用所有部件。

技术参数

制造国：捷克共和国	枪管长：220毫米
年份：2002	（8.66英寸）
口径：9毫米（0.35英寸）	枪口初速：未知
使用派拉贝鲁姆手枪弹	供弹：15或30发弹匣
动作方式：杠杆延迟半自由枪	射程：200米（656英尺）
机式	全长：690毫米
重量：2.7千克（5.95磅）	（27.1英寸）

---

① "特别干预小组"已于1978年合并到"中央特别行动保安队"。
② 标准是20和30发弹匣，但可用SPP手枪的15发弹匣。

附录：当代现役步枪

以下是各国当今在役的主要步枪清单

AK-47/AKM系列：
阿富汗、阿尔及利亚、柬埔寨、埃及、
匈牙利

AK-74系列：
俄罗斯、乌克兰

AK-103：
委内瑞拉

贝瑞塔 AR70/90：
意大利

C7A1：
加拿大

FAMAS G2：
法国

FN FAL：
巴西

FN FNC：
比利时

FX-05：
墨西哥

H&K G3：
巴基斯坦、葡萄牙

H&K G36：
德国、西班牙

IMI 塔沃尔 TAR-21：
以色列、泰国

英萨斯：
印度

L85A2（SA80）：
英国、牙买加

M4卡宾枪：
美国陆军、格鲁吉亚

M16：
阿富汗、阿根廷、美国海军陆战队

SAR21：
新加坡

S&T 大宇 K11：
大韩民国

斯太尔AUG：
阿根廷、澳大利亚、奥地利、新西兰

95式自动步枪：
中国

56式：
越南

东线文库

二战苏德战争研究前沿

云集二战研究杰出学者

保罗·卡雷尔、约翰·埃里克森、戴维·M.格兰茨、尼克拉斯·泽特林、普里特·巴塔、斯蒂芬·巴勒特、斯蒂芬·汉密尔顿、厄尔·齐姆克、艾伯特·西顿、道格拉斯·纳什、小乔治·尼普、戴维·斯塔勒、克里斯托弗·劳伦斯、约翰·基根……

海洋文库

世界舰艇、海战研究名家名著

"谁控制了海洋，谁就控制了世界。"
——古罗马哲学家西塞罗
英、美、日、俄、德、法等国海战史及
舰艇设计、发展史研究前沿

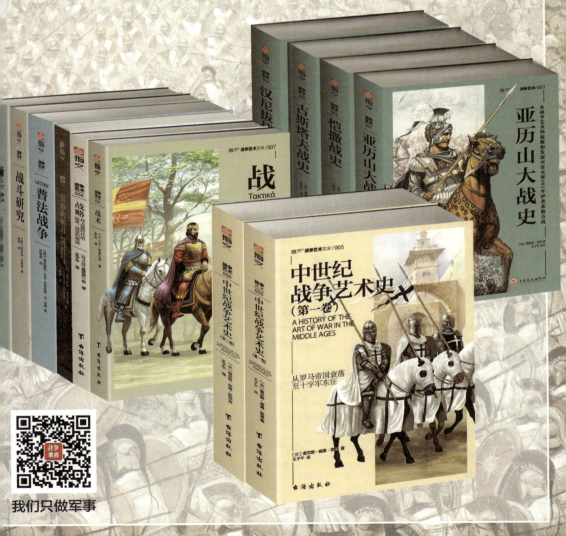

世界军服图解百科丛书

HTTP://ZVENBOOK.COM

《罗马世界甲胄、兵器和战术图解百科》

★军事史视角下的部落与帝国，西方冷兵器时代的视觉盛宴。
★超过600幅精美彩色手绘插画及历代地图、布阵图、油画、雕塑、遗址照片，打造出罗马军事历史的百科全书。
★包括罗马人、伊特鲁里亚人、撒姆尼人、迦太基人、凯尔特人、马其顿人、高卢人、日耳曼人、匈人、波斯人与突厥人等民族，全面展现古代地中海世界的军事传统与战争艺术。

《美国独立战争军服、武器图解百科1775—1783》

★美国独立战争，北美殖民地革命者奋起反抗剥削的战争，这是一场激烈的斗争，这是一个国家的锻造。
★超过600幅为制服、武器、军舰、徽章、旗帜和作战方案所特别绘制的彩图。
★一部关于美国民兵和大陆军，英国、法国陆海军，德意志、西班牙部队及其北美印第安盟友的军服、武器专业指南。

《拿破仑时期军服图解百科》

★600多幅高清插图（制服、装备、历史场景、作战图），50多张表格（各团制服的区别）。
★以图文结合的方式展示了奥地利、大不列颠、法兰西、普鲁士、俄国、美国和其他相关部队制服和徽章的细节。
★简明扼要地描述了拿破仑战争的进程，分析了政治背景，具有里程碑意义的交战。

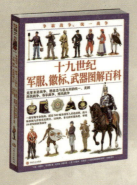

《十九世纪军服、徽标、武器图解百科》

★列强争霸时代的艺术之花，各国史实军备的图文解读。
★超过500幅精美彩色手绘插画，展现克里米亚战争、德国与意大利统一战争、美国南北战争、布尔战争与殖民战争中各国军队的细节。
★包括英国、法国、俄国、普鲁士、奥地利、意大利、美国、非洲、印度、中国等，展示19世纪的多元军事文化。

《第一次世界大战军服、徽标、武器图解百科》

★一战时期诸多参战国制服及相关装备的专业指南。
★超过550幅精美彩色手绘插图及150多张战场实地照片。
★战争中的制服、装具、武器、徽章、战场地图、作战计划。
★20万字精心制作，力求在百年之后重新还原战争的点点滴滴，为你勾勒出英、法、俄、美、德、奥匈、奥斯曼等诸多参战国军队当年的风采。

《第二次世界大战军服、徽标、武器图解百科》

★二战时期各主要参战国军队的制服及相关装备，从细节上再现人类历史上规模最大的全球战争。
★超过600幅精美彩色手绘插画及照片，精心还原战争中的军服、徽标、武器。
★囊括盟国与轴心国两大阵营，涉及英、美、德、苏、中、法、日等多国军队。